今すぐ使える！
CSS
Cascading Style Sheets Recipes Book
レシピブック

たかもそ 著

C&R研究所

■権利について
- 本書に記述されている社名・製品名などは、一般に各社の商標または登録商標です。
- 本書では™、©、®は割愛しています。

■本書の内容について
- 本書は著者・編集者が実際に操作した結果を慎重に検討し、著述・編集しています。ただし、本書の記述内容に関わる運用結果にまつわるあらゆる損害・障害につきましては、責任を負いませんのであらかじめご了承ください。
- 本書は2018年12月現在の情報で記述されています。

■サンプルについて
- 本書で紹介しているサンプルコードは、C&R研究所のホームページからダウンロードすることができます。詳しくは4ページを参照してください。
- サンプルコードの動作などについては、著者・編集者が慎重に確認しております。ただし、サンプルコードの運用結果にまつわるあらゆる損害・障害につきましては、責任を負いませんのであらかじめご了承ください。
- サンプルデータの著作権は、著者及びC&R研究所が所有します。許可なく配布・販売することは堅く禁止します。

●本書の内容についてのお問い合わせについて

　この度はC&R研究所の書籍をお買いあげいただきましてありがとうございます。本書の内容に関するお問い合わせは、「書名」「該当するページ番号」「返信先」を必ず明記の上、C&R研究所のホームページ(http://www.c-r.com/)の右上の「お問い合わせ」をクリックし、専用フォームからお送りいただくか、FAXまたは郵送で次の宛先までお送りください。お電話でのお問い合わせや本書の内容とは直接的に関係のない事柄に関するご質問にはお答えできませんので、あらかじめご了承ください。

〒950-3122 新潟県新潟市北区西名目所4083-6　株式会社 C&R研究所　編集部
FAX 025-258-2801
『今すぐ使えるCSSレシピブック』サポート係

はじめに

現在、多くのHTML/CSSに関する入門書が出版されています。しかし、入門書を読んで基本的な知識を身につけるだけでは、実際にWebサイトを作ることはできません。思い通りのデザインを作るには様々なテクニックが必要です。本書では、HTML/CSSを使いこなすにあたって欠かせないテクニックを解説しています。

本書対象となる読者

本書は、入門書だけではカバーできない中級者向けの内容です。入門書を読んではみたものの、いざWebサイトを作ろうとするとうまく表現できない方や入門書の次に読んでステップアップしたい方におすすめです。

◆ 書いていること
- CSSを使ったテクニック
- 入門書では紹介されないCSSプロパティ
- テクニックのメリットとデメリット

◆ 書いていないこと
- HTML/CSSの開発環境構築
- CSSの基本的な知識
- Sass/Lessを用いたソースコード

動作確認の環境

本書では、テクニックごとにブラウザ対応表を記載しています。動作の確認には「BrowserStack」というサービスを利用しています。古いものから最新のバージョンまでさまざまなブラウザで検証できます。

- BrowserStack
  URL https://www.browserstack.com/

また、CSSのプロパティに関するブラウザの対応状況を知りたい場合は「Can I use…」が便利です。

- Can I use…
  URL https://caniuse.com/

注意点

本書に記載されたHTMLソースコード中のHTMLタグ内部の文字列は紙面の都合上、省略記号（...）を使っています。

HTML

```
<div class="text">あのイーハトーヴォの...</div>
```

省略していることを表している

ソースコードの中の▼について

本書に記載したサンプルプログラムは、誌面の都合上、1つのサンプルプログラムがページをまたがって記載されていることがあります。その場合は▼の記号で、1つのコードであることを表しています。

サンプルについて

本書で紹介しているサンプルデータは、C&R研究所のホームページからダウンロードできます。本書のサンプルを入手するには、次のように操作します。

❶「http://www.c-r.com/」にアクセスします。
❷ トップページ左上の「商品検索」欄に「262-4」と入力し、[検索]ボタンをクリックします。
❸ 検索結果が表示されるので、本書の書名のリンクをクリックします。
❹ 書籍詳細ページが表示されるので、[サンプルデータダウンロード]ボタンをクリックします。
❺ 下記の「ユーザー名」と「パスワード」を入力し、ダウンロードページを表示します。
❻「サンプルデータ」のリンク先のファイルをダウンロードし、保存します。

サンプルのダウンロードに必要な
ユーザー名とパスワード
ユーザー名　**cssr**
パスワード　**4ny65**

※ユーザー名・パスワードは、半角英数字で入力してください。また、「J」と「j」や「K」と「k」などの大文字と小文字の違いもありますので、よく確認して入力してください。

ダウンロード用のサンプルファイルは、CHAPTERごとのフォルダの中に項目番号のフォルダに分かれています。サンプルはZIP形式で圧縮してありますので、解凍してお使いください。

サポート

　本書について、ご意見やご感想がありましたら筆者のTwitterアカウントである @takamosoo にご連絡いただけれると幸いです。

謝辞

　最後に、本書の刊行にあたり、お忙しい中レビューを引き受けてくださった花井雅敏様、渡邊達明様、大木尊紀様に深く感謝いたします。皆さまのレビューによって、本書を完璧なものに仕上げることができました。

　そして、本書の執筆の機会を設けていただいた湊川あい様、執筆をあたたかく見守ってくださったC&R研究所の吉成明久様に深く感謝いたします。

CONTENTS

CHAPTER 1 セレクタ

01 接頭辞と接尾辞 …………………………………… 18
- 接頭辞 ……………………………………………… 19
- 接尾辞 ……………………………………………… 19
- COLUMN 拡張子で場合分け …………………… 20

02 兄弟要素の範囲 …………………………………… 21
- X番目以前の兄弟要素を指定する ………………… 21
- X番目以降の兄弟要素を指定する ………………… 22
- X番目からY番目までの兄弟要素を指定する …… 22
- COLUMN 「:nth-child()」と「:nth-of-type()」の違い … 23

03 兄弟要素の個数 …………………………………… 25
- 「:first-child」と「:nth-last-child」 ………………… 25
- 条件を追加する …………………………………… 27
- 奇数個と偶数個 …………………………………… 28
- 以上と以下 ………………………………………… 29
- COLUMN 「:nth-of-class」の実装 ……………… 30

04 「以外」の指定 ……………………………………… 32
- 基本構文 …………………………………………… 32
- 2番目以降の指定 ………………………………… 33
- 「:not()」の複数指定 ……………………………… 34
- 詳細度に注意 ……………………………………… 35
- COLUMN 詳細度を算出するツール ……………… 37

05 メディア特性 ……………………………………… 38
- 画面の向きを判定する …………………………… 38
- ピクセル解像度を判定する ……………………… 39
- ホバーできるかどうかを判定する ……………… 40
- COLUMN 空要素の判定 …………………………… 41

06 「未満」のメディアクエリ ………………………… 42
- 1pxの間隔をあけたときの問題 ………………… 42
- モバイルファーストで記述する手法 …………… 43
- 小数値まで記述する手法 ………………………… 43
- 「not」演算子を使った手法 ……………………… 44
- COLUMN 対応状況の判定 ………………………… 45

07 メディアクエリなしのレスポンシブ …………… 46
- 「The Tab Four Technique」の手法 …………… 46
- 「flex-wrap」を使った手法 ……………………… 47
- 「flex-grow」を使った手法 ……………………… 48
- Gridを使った手法 ………………………………… 50

CONTENTS

- 08 イベントハンドラ ……………………………………………… 52
  - 兄弟要素に対して指定する ………………………………… 52
  - 子要素に対して指定する …………………………………… 53
  - 親要素に対して指定する …………………………………… 54
  - **COLUMN** スムーススクロール ……………………………… 55

CHAPTER 2 タイポグラフィ

- 09 ぶら下げインデント ……………………………………… 58
  - 「text-indent」プロパティを使った手法 ………………… 58
  - 「table-cell」を使った手法 ………………………………… 59
  - Flexboxを使った手法 ……………………………………… 60
  - **COLUMN** 疑似要素のコロンの数 …………………………… 60
- 10 囲み文字 …………………………………………………… 62
  - 左右の余白を表現する……………………………………… 62
  - 少しずれた影の追加 ………………………………………… 64
  - 枠線の追加 …………………………………………………… 65
  - **COLUMN** 「box-decoration-break」の活用 ……………… 66
- 11 90°回転文字 ……………………………………………… 68
  - 「transform」プロパティで回転させる …………………… 68
  - 縦書きの活用 ………………………………………………… 71
  - **COLUMN** 疑似要素内の改行 ………………………………… 73
- 12 文字の省略 ………………………………………………… 74
  - 1行の場合…………………………………………………… 74
  - 複数行の場合 ………………………………………………… 75
  - 画面幅によって切り替え …………………………………… 77
- 13 合成フォント ……………………………………………… 80
  - 「unicode-range」の活用 …………………………………… 80
  - フォントの合成 ……………………………………………… 82
- 14 文字の左右に水平線 ……………………………………… 84
  - Flexboxの活用 ……………………………………………… 84
  - 文字が複数行にまたがる場合 ……………………………… 85
- 15 境界で色が変わる文字…………………………………… 86
  - 文字が1行の場合 …………………………………………… 86
  - 文字が2行以上の場合 ……………………………………… 87
  - 画像との組み合わせ ………………………………………… 90
  - **COLUMN** 文字詰め …………………………………………… 94

CONTENTS

16 レスポンシブな文字サイズ …………………………………… 96
- 1次関数の活用……………………………………………… 96
- 1次関数式の工夫…………………………………………… 98
- ブラウザによる差異………………………………………… 99

CHAPTER 3 レイアウト

17 インラインブロックの隙間 ……………………………………102
- 改行をしない手法………………………………………… 103
- 改行位置を工夫する手法………………………………… 103
- コメントアウトする手法………………………………… 103
- 省略可能なタグを使った手法…………………………… 104
- 「letter-spacing」で詰める手法 ………………………… 104
- 「font-size」を0にする手法 ……………………………… 105
- 「table」を使った手法…………………………………… 106
- Webフォントを使った手法……………………………… 107
- **COLUMN** 小数値の省略記法 ………………………… 108

18 左右中央揃え ……………………………………………………110
- 「text-align」と「inline-block」を使った手法 ………… 110
- 「margin」を使った手法 ………………………………… 111
- Flexboxと「justify-content」を使った手法…………… 112
- Flexboxと「margin」を使った手法 …………………… 113
- Gridと「justify-content」を使った手法 ……………… 114
- Gridと「margin」を使った手法 ………………………… 115

19 上下中央揃え ……………………………………………………117
- 「line-height」を使った手法 …………………………… 117
- 「table-cell」を使った手法 ……………………………… 118
- 「inline-block」と疑似要素を使った手法 ……………… 119
- 「position」と「transform」を使った手法……………… 122
- Flexboxと「align-items」を使った手法 ……………… 123
- Flexboxと「margin」を使った手法 …………………… 124
- Gridと「align-items」を使った手法 …………………… 125
- Gridと「margin」を使った手法 ………………………… 125

20 上下左右中央揃え……127
- 「table-cell」を使った手法…… 127
- 「position」と「transform」を使った手法…… 128
- Flexboxを使った手法…… 129
- Flexboxと「margin」を使った手法…… 129
- Gridを使った手法…… 130
- Gridと「margin」を使った手法…… 131
- **COLUMN** それぞれの手法の違い…… 132

21 Flexboxによるグリッドシステム……134
- 等分のカラム…… 134
- 複数行のグリッド…… 135
- カラムの間隔…… 137
- カラムの順番…… 138
- **COLUMN** 横幅が可変の場合…… 140

22 段組……141
- カラム数とカラム幅…… 141
- 段組の装飾…… 143
- カラムをまたぐ要素…… 144
- 区切り位置の指定…… 145

23 可変幅と固定幅……147
- 「float」とネガティブマージンを使った手法…… 147
- 「float」と「calc()」を使った手法…… 148
- 「table」を使った手法…… 149
- Flexboxを使った手法…… 150
- Gridを使った手法…… 152
- **COLUMN** 「float」と「display」の関係…… 153

24 アスペクト比の固定……155
- 「padding」の性質を利用する…… 155
- 疑似要素で要素を削減する…… 157
- 文字量が多いときのふるまい…… 158
- **COLUMN** 高さを基準に固定する…… 159

25 画像のトリミング……161
- 「background-size」を使った手法…… 161
- 「position」を使った手法…… 163
- 「object-fit」を使った手法…… 165
- SVGを使った手法…… 167
- **COLUMN** 画像の横幅制御…… 168

CONTENTS

- 26 コンテナからの解放 ……………………………………… 170
  - 「calc()」とvwの組み合わせ ……………………… 171
  - 背景色のみ範囲拡大 ……………………………… 173
  - COLUMN 「calc()」の構文 …………………………… 175
- 27 下部に固定されるフッター ……………………………… 176
  - 「table-row」を使った手法 ………………………… 176
  - Flexboxを使った手法 ……………………………… 178
  - Gridを使った手法 …………………………………… 179
  - 「sticky」を使った手法 ……………………………… 179

CHAPTER 4 シェイプ

- 28 三角形 …………………………………………………… 182
  - 「border」を使った手法 …………………………… 182
  - 「linear-gradient()」を使った手法 ………………… 184
  - 「clip-path」を使った手法 ………………………… 188
  - COLUMN 「transparent」の落とし穴 ………………… 189
- 29 平行四辺形 ……………………………………………… 190
  - 入れ子を使った手法 ……………………………… 190
  - 疑似要素を使った手法 …………………………… 191
  - 「clip-path」を使った手法 ………………………… 192
  - COLUMN 「clip-path」のツール ……………………… 193
- 30 台形 ……………………………………………………… 194
  - 「border」を使った手法 …………………………… 194
  - 「linear-gradient()」を使った手法 ………………… 195
  - 「skew()」を使った手法 …………………………… 196
  - 「perspective()」を使った手法 …………………… 197
  - 「clip-path」を使った手法 ………………………… 199
  - COLUMN 「calc()」によるカラム落ち ………………… 200
- 31 複数のボーダー ………………………………………… 202
  - 「outline」を使った手法 …………………………… 202
  - 疑似要素を使った手法 …………………………… 203
  - 「box-shadow」を使った手法 …………………… 203
  - COLUMN 小数値のボーダー ………………………… 205

32　半透明のボーダー …………………………………………………206
- アルファ値を含む色を指定する …………………………………… 206
- 背景色の範囲を指定する…………………………………………… 207

33　画像のボーダー ………………………………………………………208
- 複数の背景画像を使った手法 ……………………………………… 208
- 「border-image」を使った手法 …………………………………… 210
- **COLUMN** エアメール風………………………………………… 211

34　角の切り落とし ………………………………………………………213
- 「linear-gradient()」を使った手法 ……………………………… 213
- 「box-shadow」を使った手法 …………………………………… 217
- 「clip-path」を使った手法 ………………………………………… 219
- **COLUMN** 自然なグラデーション …………………………… 220

35　背景の位置 ……………………………………………………………223
- 「background-position」を使った手法 ………………………… 223
- 「calc()」を使った手法 …………………………………………… 224
- 「background-origin」を使った手法 …………………………… 224
- **COLUMN** ボックスモデル …………………………………… 226

36　ストライプ …………………………………………………………229
- ストライプを実装する仕組み ……………………………………… 229
- 横のストライプ …………………………………………………… 231
- 縦のストライプ …………………………………………………… 232
- 斜めのストライプ ………………………………………………… 232
- 任意の角度のストライプ ………………………………………… 234
- 記述の簡略化 ……………………………………………………… 235
- **COLUMN** 複雑な模様 ………………………………………… 236

37　ジグザグ………………………………………………………………237
- ジグザグの形状 …………………………………………………… 237
- ジグザグな線 ……………………………………………………… 240
- **COLUMN** 複雑な形状の影 …………………………………… 245

38　斜めの区切り…………………………………………………………246
- 「skew()」を使った手法 ………………………………………… 246
- 「clip-path」を使った手法 ……………………………………… 247
- SVGを使った手法 ………………………………………………… 250

39　円グラフ………………………………………………………………252
- 疑似要素を使った手法 …………………………………………… 252
- 「conic-gradient()」を使った手法 ……………………………… 258
- **COLUMN** 集中線 ……………………………………………… 259

CONTENTS

40 曇りガラス ··· 261
- 「blur()」を使った手法 ··· 261
- 「backdrop-filter」を使った手法 ··· 263

CHAPTER 5 ユーザーエクスペリエンス

41 マウスカーソル ··· 266
- カーソルの種類 ··· 266
- カーソルの消去 ··· 268
- カーソルに画像を指定する ··· 268

42 テーブルのハイライト ··· 272
- 列のハイライトには疑似要素を活用 ··· 272
- テーブルに背景色がある場合 ··· 275
- COLUMN 電話番号リンクの無効化 ··· 278

43 レスポンシブテーブル ··· 279
- 行ごとのグループ化 ··· 279
- 行ごとのグループ化と列の見出し ··· 281
- 行ごとのグループ化と複製 ··· 283
- 列ごとのグループ化 ··· 285
- 行と列の入れ替え ··· 287
- 横スクロールで対応 ··· 289

44 リンク切れ画像の代替表示 ··· 293
- 代替表示のカスタマイズ ··· 293
- ブラウザ間で表示を統一 ··· 294

45 クリック範囲の拡大 ··· 296
- ネガティブマージンを使った手法 ··· 296
- borderを使った手法 ··· 297
- 疑似要素を使った手法 ··· 298
- COLUMN 疑似クラスの順序 ··· 300

46 バウンススクロールの無効化 ··· 301
- 「body」を絶対配置する手法 ··· 301
- 「overscroll-behavior」を使った手法 ··· 302
- COLUMN 「-webkit-overflow-scrolling」とは ··· 303

47 Webフォントの読み込み制御 …………………………………………304
- 読み込み時の現象 …………………………………… 304
- 「font-display」による制御……………………………… 306
- COLUMN Webフォントの先読み ……………………… 308

48 ホバー以外の指定 ……………………………………………………309
- グリッドの作成 ……………………………………… 309
- ホバー以外の要素に対して指定する …………………… 310
- COLUMN 「visibility」の効果 ……………………………… 312

49 スクロール可能を示す影 ………………………………………………313
- 垂直方向のスクロール ………………………………… 313
- 水平方向のスクロール ………………………………… 317
- レスポンシブテーブルに応用する ……………………… 320

CHAPTER 6 コンポーネント

50 チェックボックス ……………………………………………………328
- 「label」と「input」を連携する手法………………………… 328
- 「input」を「label」の子要素にする手法 ………………… 330
- COLUMN 手書き風のボーダー……………………………… 332

51 セレクトボックス ……………………………………………………333
- 背景画像を使った手法 ………………………………… 333
- 疑似要素を使った手法 ………………………………… 334
- COLUMN オートフィル時の背景色 ………………………… 336

52 タブ ……………………………………………………………338
- 「label」と「input」要素の組み合わせ …………………… 338
- より汎用的な実装 …………………………………… 341
- COLUMN CSSだけで実装する目的 ………………………… 344

53 アコーディオン ………………………………………………………345
- 「label」と「input」の連携 ……………………………… 345
- 「max-height」を使った手法 …………………………… 348
- 「padding」を使った手法 ……………………………… 350
- 「line-height」を使った手法 …………………………… 352

54 ファイル選択ボタン …………………………………………………355
- 「input」要素で覆う手法 ……………………………… 355
- 「label」要素を使った手法 …………………………… 356
- COLUMN ファイル名の表示 ………………………………… 357

CONTENTS

55 星の5段階評価 ……………………………………………………358
- 「row-reverse」を使った手法 …………………… 358
- ダミーを使った手法 ………………………………… 360
- COLUMN 表示部分のみ ……………………………… 362

56 ツリー構造 …………………………………………………………364
- 疑似要素で隠す手法 ………………………………… 364
- 疑似要素でつなぎ合わせる手法 …………………… 367

57 パンくずリスト ……………………………………………………370
- 「transform」の組み合わせ ………………………… 370

58 横スクロールナビ …………………………………………………376
- メニュー型 …………………………………………… 376
- カード型 ……………………………………………… 379
- スクロールバーの非表示 …………………………… 382
- COLUMN スクロールスナップ ……………………… 383

CHAPTER 7 アニメーション

59 点滅 …………………………………………………………………386
- 「opacity」を使った手法 …………………………… 386
- 「visibility」を使った手法 ………………………… 388
- COLUMN グラデーションのアニメーション ……… 390

60 マーキー ……………………………………………………………391
- 「block」と「inline-block」の違い ………………… 391
- CSSアニメーションで再現する …………………… 393
- COLUMN なめらかなアニメーション ……………… 395

61 波紋 …………………………………………………………………397
- 「transform」を使った手法 ………………………… 397
- 「box-shadow」を使った手法 ……………………… 398

62 パラパラアニメ ……………………………………………………401
- アニメーションの実装 ……………………………… 401

63 蛍光マーカー ………………………………………………………403
- 「background-position」によるアニメーション … 403
- COLUMN 色々な下線 ………………………………… 405

CONTENTS

64 スライド ……………………………………………………………… 407
- アニメーションの実装 ………………………………………… 407
- COLUMN スクロールに連動する ……………………………… 410

CHAPTER 8 その他

65 文字色の継承 ……………………………………………………… 414
- 「currentColor」値 ……………………………………………… 414
- 有効活用できる場面 …………………………………………… 415
- COLUMN 「inherit」との違い ………………………………… 416

66 カウンター ………………………………………………………… 417
- 連番付きの見出し ……………………………………………… 417
- 連番と文字の組み合わせ ……………………………………… 418
- 連番をゼロ埋めで表示する …………………………………… 419
- 入れ子のカウンター …………………………………………… 420
- COLUMN チェックボックスの選択数 ……………………… 422

67 カスタムプロパティ …………………………………………… 423
- 変数の宣言と参照 ……………………………………………… 423
- 変数のスコープ ………………………………………………… 424
- メディアクエリとの組み合わせ ……………………………… 425
- 注意すべき点 …………………………………………………… 426
- プリプロセッサとの違い ……………………………………… 427
- COLUMN JavaScriptと連携 ………………………………… 430

●索 引 …………………………………………………………………… 431

接頭辞と接尾辞

　CSSフレームワークは、複数のクラスを指定することで簡単に高品質なデザインに仕上げることができるように設計されています。たとえば、Bootstrapで警告表示するときには次のようにします。

HTML

```
<div class="alert alert-primary"></div>
<div class="alert alert-success"></div>
<div class="alert alert-warning"></div>
```

　`alert` クラスで警告表示に共通するCSSを定義し、`alert-*` クラスでそれぞれの状況に応じた警告表示のためのCSSが定義されています。しかし、同じ `alert` という単語を含んだクラスを定義するのは少し冗長に思えるかもしれません。

HTML

```
<div class="alert-primary"></div>
<div class="alert-success"></div>
<div class="alert-warning"></div>
```

　`alert` クラスを削除してシングルクラスにすると、`alert` の共通部分を定義したCSSはどうすればよいかという疑問が生じます。それぞれの `alert-*` に共通部分を含めてしまうと、`alert-*` の種類だけ共通部分を定義しなければならず、CSSの肥大化につながってしまいます。

接頭辞

`alert-*` クラスはすべて `alert-` 接頭辞から始まっています。つまり、CSSのセレクタで接頭辞を指定できれば、警告表示の共通部分を定義できます。`alert-` で始まるクラスを指定するときには `^=` セレクタが使えます。

CSS
```
[class^="alert-"] { ... }
```

しかし、これでは次のような `alert-*` クラスが途中にある場合を考慮できていません。

HTML
```
<div class="foo alert-primary bar"></div>
```

`*=` セレクタを使うと、文字列の中に属性値を1つ以上含む要素を指定できます。

CSS
```
[class^="alert-"], [class*=" alert-"] { ... }
```

`alert-` の前に半角スペースを記述することで、途中にある `alert-*` クラスを指定できるようになります。これで、`alert-` で始まるクラス名を指定できます。

接尾辞

接頭辞と同じように接尾辞を指定することもできます。`-alert` で終わるクラス名を指定するには、次のようにします。

CSS
```
[class$="-alert"], [class*="-alert "] { ... }
```

`$=` セレクタで `-alert` で終わる要素を指定し、`*=` セレクタを使うことで途中にある `*-alert` クラスを指定しています。

COLUMN 拡張子で場合分け

CSSの属性セレクタを使えば、リンク先の拡張子に応じてスタイルを変えられます。

HTML
```
<a href="sample.pdf">...</a>
```

CSS
```
a[href$=".pdf"] {
  /* PDFファイルのときのスタイル */
}
```

▼ブラウザ対応表

IE	Edge	Firefox	Chrome	Safari	Opera	iOS Safari	Android
7	12	2	4	3.2	10.1	3.2	2.1

SECTION 02 兄弟要素の範囲

`:nth-child()` などの疑似クラスには変数 n を指定できます。変数 n を使うことで、兄弟要素の範囲指定が可能となります。

X番目以前の兄弟要素を指定する

X番目以前の兄弟要素を指定するには、`:nth-child()` に `-n+X` と指定します。たとえば、3番目以前の兄弟要素を指定するには次のようにします。

HTML

```
<div class="item">1</div>
<div class="item">2</div>
<div class="item">3</div>
<div class="item">4</div>
<div class="item">5</div>
```

CSS

```
.item:nth-child(-n+3) { ... }
```

変数 n には0, 1, 2, 3...が入るので、`:nth-child()` に `-n+3` を指定すると、$-0+3=3, -1+3=2, -2+3=1$ となり、3番目以前の兄弟要素を指定できます。

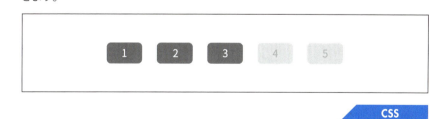

CSS

```
.item:nth-last-child(-n+3) { ... }
```

また、`:nth-last-child()` にすると後ろから3番目までを指定することもできます。

X番目以降の兄弟要素を指定する

X番目以降の兄弟要素を指定するには :nth-child() に n+X と指定します。たとえば、3番目以降の兄弟要素を指定するには次のようにします。

HTML

```
<div class="item">1</div>
<div class="item">2</div>
<div class="item">3</div>
<div class="item">4</div>
<div class="item">5</div>
```

CSS

```
.item:nth-child(n+3) { ... }
```

:nth-child() に n+3 を指定すると、$0+3=3, 1+3=4, 2+3=5$...となり、3番目以降の兄弟要素を指定できます。

X番目からY番目までの兄弟要素を指定する

X番目からY番目までの兄弟要素を指定するには :nth-child() を組み合わせて :nth-child(n+X):nth-child(-n+Y) と指定します。たとえば、2番目から4番目までの兄弟要素を指定するには次のようにします。

HTML

```
<div class="item">1</div>
<div class="item">2</div>
<div class="item">3</div>
<div class="item">4</div>
<div class="item">5</div>
```

CSS

```
.item:nth-child(n+2):nth-child(-n+4) { ... }
```

2番目以降の :nth-child(n+2) 、4番目以前の :nth-child(-n+4) を組み合わせることにより、2番目から4番目までの兄弟要素を指定できます。

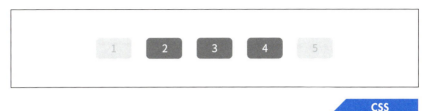

```
.item:nth-child(n+2):nth-child(-n+4):nth-child(3n) { ... }
```

さらに :nth-child(3n) を追加すると、2番目から4番目までの兄弟要素の中で3の倍数番目のみを選択できます。この場合は3番目のみ選択されます。

> **COLUMN** 「:nth-child()」と「:nth-of-type()」の違い
>
> :nth-child() は child という単語からわかるように、単純に子要素の中で何番目かを指定できます。
>
> ```html
> <div class="nth">
>   <div></div>
>   <div></div>
>   <p>選択したい要素</p>
>   <div></div>
>   <p></p>
> </div>
> ```
>
> ```css
> .nth :nth-child(3) { ... }
> ```
>
> 選択したい要素が3番目にあるので、:nth-child(3) とすれば指定できます。

```css
.nth div:nth-child(3) { ... }
```

　また、`:nth-child(3)` の前にタグ名を指定するとセレクタは右から左に解釈されるので、3番目の `div` 要素が選択されますが、今回は3番目は `p` 要素なので何も選択されません。そのため、普通は `:nth-child()` の前にタグ名を記述しません。一方、`:nth-of-type()` は `type` という単語からわかるようにあるタグ名の中で何番目かを指定します。

```html
<div class="nth">
  <div></div>
  <div></div>
  <p></p>
  <div></div>
  <p>選択したい要素</p>
</div>
```

```css
.nth p:nth-of-type(2) { ... }
```

　選択したい要素が `p` 要素の中で2番目にあるので、`p:nth-of-type(2)` とすれば指定できます。`:nth-of-type()` は必ず前に `p` などのタグ名を記述する必要があります。

▼ブラウザ対応表

IE	Edge	Firefox	Chrome	Safari	Opera	iOS Safari	Android
9	12	3.5	4	3.2	10.1	3.2	2.1

SECTION 03 兄弟要素の個数

ときどき兄弟要素の個数によってCSSを分けたい場合があります。たとえば、スマートフォンでは多すぎる項目を非表示にしたいときなどです。しかし、CSSには兄弟要素の個数によって変更できるセレクタはありません。その代わりに何番目かを指定する `:nth-*` や後ろから何番目かを指定する `:nth-last-*` などの疑似クラスがあります。これらの疑似クラスを組み合わせることで、兄弟要素の個数を判定できます。

「:first-child」と「:nth-last-child」

CSSの疑似クラスには兄弟要素の中で最初の要素を表す `:first-child` と兄弟要素の中で後ろから数えて何番目かを表す `:nth-last-child()` があります。たとえば、兄弟要素の個数が5個のときは次のようになります。

HTML

```
<div class="item">1</div>
<div class="item">2</div>
<div class="item">3</div>
<div class="item">4</div>
<div class="item">5</div>
```

CSS

```
.item:first-child:nth-last-child(5),
.item:first-child:nth-last-child(5) ~ .item { ... }
```

兄弟要素の個数が5個の場合、`:first-child` で選択される要素と `:nth-last-child(5)` で選択される要素が一致します。そのため、`.item:first-child:nth-last-child(5)` とつなげて記述すると、最初の要素でかつ後ろから数えて5番目の要素を選択でき、結果的に兄弟要素が5個のときの最初の `.item` を指します。

SECTION 03 ● 兄弟要素の個数

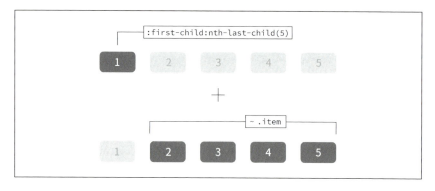

　そして、残りの4つの `.item` を選択するためには間接結合子 `~` を使います。間接結合子は2つのセレクタを接続することができ、同じ親要素に属する要素の中で後続する要素すべてを指定できます。そのため、`.item:first-child:nth-last-child(5) ~ .item` とすると、兄弟要素の個数が5個のときの最初の要素の後に続く `.item` すべてを指定でき、5個すべての `.item` に対してスタイルを適用できるようになります。 `5` の部分の数字を変えれば何個のときにでも対応できます。

CSS

```
.item:first-child:nth-last-child(1) { ... }
```

　ちなみに、兄弟要素の個数が1個のときはこのように記述できますが、`:only-child` という専用の疑似クラスがあるので次のように記述することもできます。

CSS

```
.item:only-child { ... }
```

条件を追加する

`:nth-*` 系の疑似クラスには `n` という変数を使うことができ、`2n` とすると偶数、`2n+1` とすると奇数というように指定できます。兄弟要素の個数が5個のとき、その中の奇数番目を選択したいときには次のように記述できます。

HTML

```
<div class="item">1</div>
<div class="item">2</div>
<div class="item">3</div>
<div class="item">4</div>
<div class="item">5</div>
```

CSS

```
.item:first-child:nth-last-child(5),
.item:first-child:nth-last-child(5) ~ .item:nth-child(2n+1) { ... }
```

`.item:first-child:nth-last-child(5)` で兄弟要素が5個のときの最初の要素を選択します。そして、間接結合子 `~` を使ってそれ以降の奇数番目の `.item` のみを選択します。すると、兄弟要素が5個のときの奇数番目である1・3・5番目を指定できます。

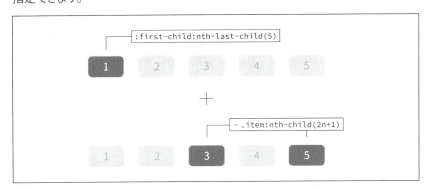

このように、疑似クラスをつなげて記述することで複雑な条件指定が可能となります。

SECTION 03 ● 兄弟要素の個数

奇数個と偶数個

兄弟要素の個数が奇数個のときは次のように指定できます。

HTML

```
<div class="item">1</div>
<div class="item">2</div>
<div class="item">3</div>
<div class="item">4</div>
<div class="item">5</div>
```

CSS

```
.item:first-child:nth-last-child(2n+1),
.item:first-child:nth-last-child(2n+1) ~ .item { ... }
```

`.item:first-child:nth-last-child(2n+1)` とすると兄弟要素の個数が奇数個のときの最初の要素を選択できます。後続する `.item` は `~ .item` で選択できるので、兄弟要素の個数が奇数個のとき、`.item` に対してスタイルを指定できます。

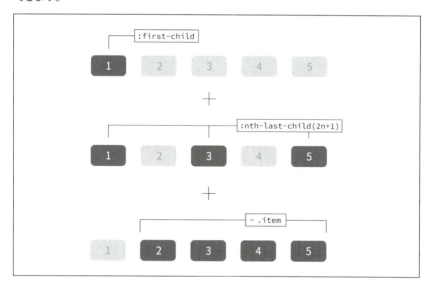

同様にして、兄弟要素の個数が偶数個のときは次のように指定できます。

```css
.item:first-child:nth-last-child(2n),
.item:first-child:nth-last-child(2n) ~ .item { ... }
```

以上と以下

兄弟要素の個数が3個以上のときは次のように指定できます。

```html
<div class="item">1</div>
<div class="item">2</div>
<div class="item">3</div>
<div class="item">4</div>
<div class="item">5</div>
```

```css
.item:nth-last-child(n+3),
.item:nth-last-child(n+3) ~ .item { ... }
```

　.item:nth-last-child(n+3) で後ろから数えて3番目以降を選択します。残りの要素は ~ .item で選択できるので、合わせると兄弟要素の個数が3個以上のときを指定できます。

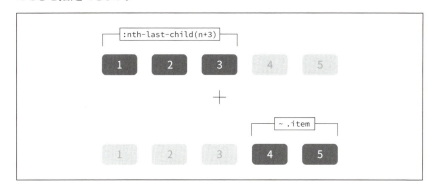

同様にして、兄弟要素の個数が3個以下のときは次のように指定できます。

```css
.item:first-child:nth-last-child(-n+3),
.item:first-child:nth-last-child(-n+3) ~ .item { ... }
```

COLUMN 「:nth-of-class」の実装

あるクラス名を持つ要素の中で何番目かを指定したい場合、:nth-child() や :nth-of-type() では指定できません。それぞれ、子要素の中で何番目かを表す疑似クラスのため、クラス名の中でという指定はできないからです。

HTML

```
<div class="nth">
  <h2></h2>
  <div></div>
  <p class="target"></p>
  <div></div>
  <div class="target">選択したい要素</div>
  <p></p>
  <div class="target"></div>
</div>
```

たとえば、.target の2番目で文字色を赤色にしたい場合、次のようにします。

CSS

```
.nth * {
  color: black;
}
.nth .target ~ .target {
  color: red;
}
.nth .target ~ .target ~ .target {
  color: black;
}
```

まず、.nth * で .nth の子要素すべての文字色を黒色にします。

次に .nth .target ~ .target で .target 以降に現れる .target、つまり2番目の .target の文字色を赤色にします。

最後に .nth .target ~ .target ~ .target で3番目以降の文字色を黒色に戻しています。

```css
.nth :nth-child(2 of .target) {
  color: red;
}
```

また、Selectors Level 4では `:nth-child()` で of を使って指定できるようになっており、現時点ではSafariだけが対応しています。

▼ブラウザ対応表

IE	Edge	Firefox	Chrome	Safari	Opera	iOS Safari	Android
9	12	3.5	4	3.2	10.1	3.2	2.1

SECTION 04 「以外」の指定

CSSには「～以外」を指定する疑似クラス `:not()` があります。疑似クラス `:not()` を使うことで、無駄なCSSの打ち消しをする必要がなくなります。とても便利ですが、注意すべき点もあります。

基本構文

疑似クラス `:not()` は、引数に指定したセレクタ以外の要素を表します。

CSS

```css
/* p要素以外 */
:not(p) { ... }

/* .fooクラスをもたない要素 */
:not(.foo) { ... }

/* .fooクラスをもたないp要素 */
p:not(.foo) { ... }

/* href属性をもたないa要素 */
a:not([href]) { ... }

/* 新規タブで開くリンクでないa要素 */
a:not([target="_blank"]) { ... }

/* section要素の子要素のうち、p要素でない要素 */
section :not(p) { ... }

/* autoplay属性をもつvideo要素で、muted属性をもたない要素 */
video[autoplay]:not([muted]) {
  display: none;  /* 非表示にして自動再生で音声が流れないようにする */
}
```

引数には `:not()` と疑似要素 `::before` と `::after` 以外のセレクタを指定できます。属性セレクタを使うことで、柔軟な指定ができます。

2番目以降の指定

疑似クラス :not() は、次のような要素と要素の間にだけ線を引く場合に有用です。

```html
<div class="list">
  <div class="item">ホーム</div>
  <div class="item">ブログ</div>
  <div class="item">制作実績</div>
  <div class="item">会社概要</div>
  <div class="item">お問い合わせ</div>
</div>
```

```css
.item {
  border-left: 1px solid #000;
}
.item:first-child {
  border-left: 0;
}
```

普通に記述すると、.item で border-left プロパティを使って左に線を引きますが、それだと最初の要素の左にも線が引かれてしまうので :first-child を使って最初の要素だけ線を消しています。この例では border-left プロパティのスタイルのみを打ち消していますが、打ち消すプロパティの数が増えると冗長になってきます。

```css
.item:not(:first-child) {
  border-left: 1px solid #000;
}
```

そこで、疑似クラス :not() を使えば、最初の要素以外という指定ができるので、スタイルを打ち消すことなく簡潔に記述できます。

SECTION 04 ●「以外」の指定

```css
/* .itemに隣接する.item */
.item + .item { ... }

/* .item以降に出現する.item */
.item ~ .item { ... }
```

ちなみに、疑似クラス :not() を使わずに隣接兄弟結合子 + や間接結合子 ~ を使えば同じように指定することもできます。

「:not()」の複数指定

たとえば、.foo と .bar クラスを持たない要素のように複数指定する場合です。

```css
:not(.foo, .bar) { ... }
```

実験的な機能として、カンマ区切りで複数のセレクタを指定できるようになっていますが、まだほとんどのブラウザで実装されていません。

```css
:not(.foo):not(.bar) { ... }
```

そこで、疑似クラス :not() を続けて記述することで複数指定できます。ただし、次のような場合は注意が必要です。

```html
<div class="list">
  <div class="item">アイテム</div>
  <div class="foo item">アイテム</div>
  <div class="item">アイテム</div>
  <div class="bar item">アイテム</div>
  <div class="item">アイテム</div>
</div>
```

CSS

```css
:not(.foo):not(.bar) {
  color: red;
}
```

疑似クラス :not() を続けて記述することで、.foo と .bar クラスをもたない要素である1・3・5番目の文字色が赤色になるはずです。しかし、実際はすべての文字色が赤色になってしまいます。なぜかというと、.foo と .bar クラスをもたない要素には .list クラスも該当します。そのため、.list の子要素すべての文字色が赤色になってしまうのです。

CSS

```css
.list :not(.foo):not(.bar) {
  color: red;
}
```

.list の子要素に対して指定すれば、正しく適用させることができます。

詳細度に注意

CSSには詳細度があり、セレクタの組み合わせによっては後ろに記述しても上書きされないことがあります。CSSの詳細度の高い順に次の3つに分類できます。

分類	セレクタの種類	例
A	IDセレクタ	#foo
B	クラスセレクタ、属性セレクタ、疑似クラス	.foo、[type="radio"]、:hover
C	要素型セレクタ、疑似要素	h1、::before

ただし、全称セレクタ * と結合子 +　~　> （半角スペース）、:not() セレクタは詳細度に影響を与えません。疑似クラス :not() の引数に指定するセレクタは詳細度に影響します。

```css
#link { ... }
a { ... }
a:link { ... }
a[href] { ... }
p > a::before { ... }
```

試しにいくつか詳細度を算出してみます。

セレクタ	A	B	C	詳細度
#link	1	0	0	1.0.0
a	0	0	1	0.0.1
a:link	0	1	1	0.1.1
a[href]	0	1	1	0.1.1
p > a::before	0	0	3	0.0.3

それぞれ、A・B・Cどの分類に属するかを判定します。`p > a::before` は要素型セレクタが2つで、疑似要素が1つなので合計3となります。詳細度は `0.0.3` とバージョン表記のように表します。バージョンが大きいものが詳細度が高くなります。この場合、`1.0.0` が一番大きく、次いで `0.1.1`、`0.0.3`、`0.0.1` の順に詳細度が高いです。

```css
a.foo { ... }         /* 0.1.1 */
a:not(.bar) { ... }   /* 0.1.1 */
```

疑似クラス `:not()` があるときには注意が必要で、`:not()` 自体に詳細度はなく、引数のみが評価されます。この場合、どちらも詳細度は `0.1.1` となり、後に記述した `a:not(.bar)` のスタイルが適用されます。

```css
a:not(#foo) { ... }   /* 1.0.1 */
a.bar { ... }         /* 0.1.1 */
```

疑似クラス `:not()` セレクタの引数にIDセレクタがあると、一気に詳細度が高くなります。そのため、`a:not(#foo)` のスタイルが適用されてしまいます。詳細度さえ注意すれば、疑似クラス `:not()` はとても便利です。

COLUMN 詳細度を算出するツール

セレクタを入力するだけでCSSの詳細度を算出してくれるWebサイトがあります。複数のセレクタを入力でき、詳細度の高い順に並び替えることもできます。

- Specificity Calculator
  - URL http://specificity.keegan.st/

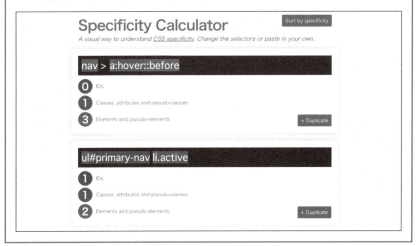

▼ブラウザ対応表

IE	Edge	Firefox	Chrome	Safari	Opera	iOS Safari	Android
9	12	3.5	4	3.2	10.1	3.2	2.1

メディア特性

メディア特性とは `@media` ルール内で使用できる特定のデバイスや環境などを判定するための値です。たとえば、次のようなメディアクエリに使用する `min-width` もメディア特性の1つです。

```
@media (min-width: 768px) {
  /* 画面幅が768px以上のとき */
}
```

他にも色々なメディア特性があるので、便利なものを紹介します。

画面の向きを判定する

`orientation` 特性を使うと画面の向きを判定できます。スマートフォンの画面の向きを判定するのによく使います。

```
@media (orientation: landscape) {
  /* 横向き */
}
@media (orientation: portrait) {
  /* 縦向き */
}
```

`landscape` を指定すると横向き（縦幅が横幅よりも大きいか等しい）、`portrait` を指定すると縦向き（横幅が縦幅よりも大きい）を判定できます。

ピクセル解像度を判定する

`resolution` 特性を使うとデバイスのピクセル解像度を判定できます。`resolution` に指定できる値の単位には次のようなものがあります。

単位	説明	備考
dpi	1インチあたりのドット数	
dppx	1ピクセルあたりのドット数	IE9〜11では対応していない。Firefox3.5〜15までは「-moz-device-pixel-ratio」特性を使うことで対応できる
dpcm	1センチメートルあたりのドット数	IE9〜11では対応していない

たとえば、72DPIの解像度を判定したいときには次のようにします。

CSS

```
@media (resolution: 72dpi) { ... }
```

他にも `resolution` 特性を使ったテクニックとして、Retinaディスプレイかどうかを判定するものがあります。

CSS

```
@media
  (-webkit-min-device-pixel-ratio: 2),
  (-o-min-device-pixel-ratio: 2/1),
  (min-resolution: 192dpi),
  (min-resolution: 2dppx) { ... }
```

1ピクセルあたりのドット数が2以上であればRetinaディスプレイなので、`min-resolution` 特性に `2dppx` と指定すれば判定できます。しかし、IE9〜11では `dppx` 単位に対応していないため、`dpi` で指定する必要があります。CSSの `inch` と `px` の比率は1.96と定められているため、`1dppx` は `96dpi` と等しいです。

また、Chrome4〜28、Safari4〜、Android2.3〜4.3では独自拡張の `-webkit-min-device-pixel-ratio` を使い、Opera10.5〜11.5では `-o-min-device-pixel-ratio` を使ってRetinaディスプレイを判定できます。

ホバーできるかどうかを判定する

hover 特性を使うとデバイスがホバーできるかどうかを判定できます。:hover 疑似クラスはスマートフォンだとタッチしてからスタイルが適用されるまでに反応が遅れたり、2回タップしないとリンクが反応しなかったりします。そのため、スマートフォンでは :hover でスタイルを適用させたくない場合があります。

CSS

```
@media (hover: hover) {
  a:hover { ... }
}
```

hover 特性に hover を指定すると、デバイスがホバー可能であるときを判定できます。これにより、スマートフォンなどのホバー不可能なデバイスではスタイルが適用されなくなります。

- **メディアクエリの利用**
  URL https://developer.mozilla.org/ja/docs/Web/CSS/Media_Queries/Using_media_queries#Media_features

他にも便利なメディア特性がいくつもあるので、MDNのページを見てみるとよいでしょう。

SECTION 05 ■ メディア特性

COLUMN　空要素の判定

ある要素内が空の場合は疑似クラス :empty を使って判定できます。

HTML

```
<div></div>
```

CSS

```
div:empty {
  /* div要素内が空の場合 */
}
```

しかし、次のように div 要素内で改行されていた場合はホワイトスペースがあると見なされ、疑似クラス :empty で判定できないので注意が必要です。

HTML

```
<div>
</div>
```

▼ブラウザ対応表（画面の向きを判定する）

IE	Edge	Firefox	Chrome	Safari	Opera	iOS Safari	Android
9	12	3.5	4	4	10.1	4	2.2

▼ブラウザ対応表（ピクセル解像度を判定する）

IE	Edge	Firefox	Chrome	Safari	Opera	iOS Safari	Android
9	12	3.5	4	4	10.1	4	2.3

▼ブラウザ対応表（ホバーできるかどうかを判定する）

IE	Edge	Firefox	Chrome	Safari	Opera	iOS Safari	Android
-	12	-	41	9	28	9.2	41

SECTION 06 「未満」のメディアクエリ

CSSのメディアクエリでは`min-width`特性や`max-width`特性を使って「以上」「以下」を判定できますが、「未満」を表すメディア特性はありません。そのため、次のように未満を表すために1pxの間隔をあけてメディアクエリを記述しているかもしれません。

CSS

```css
@media (max-width: 767px) {
  /* 768px未満 */
}
@media (min-width: 768px) and (max-width: 991px) {
  /* 768px以上992px未満 */
}
@media (min-width: 992px) {
  /* 992px以上 */
}
```

768px未満を表現するために`(max-width: 767px)`と768pxから1px引いた値を指定していますが、これは正しくありません。

1pxの間隔をあけたときの問題

通常では問題ないのですが、ブラウザの拡大率を変更したときに問題は発生します。わかりやすいように、次のようなメディアクエリを用意します。

CSS

```css
@media (max-width: 299px) {
  body::before {
    content: '300px未満';
  }
}
@media (min-width: 300px) {
  body::before {
    content: '300px以上';
  }
}
```

たとえば、ブラウザの拡大率を200%に変更した場合を考えてみます。すると、単純に2倍となるので、次のようになります。

CSS

```css
@media (max-width: 598px) { ... }
@media (min-width: 600px) { ... }
```

`1px` だった間隔が `2px` になっています。つまり、画面幅が599pxのときはどちらのメディアクエリも適用されないということです。また、ChromeやSafari、OperaなどのWebKit系ブラウザでは画面幅が必ず `599px` などの整数値に丸められるのに対し、それ以外のブラウザは `599.333px` のように小数値のままなので、よりこの問題が発生しやすくなります。

モバイルファーストで記述する手法

`min-width` 特性だけを使ってモバイルファーストで記述すれば、未満を考える必要がなくなります。

CSS

```css
/* 768px未満 */
@media (min-width: 768px) {
  /* 768px以上992px未満 */
}
@media (min-width: 992px) {
  /* 992px以上 */
}
```

しかし、「〜未満」だけのメディアクエリを記述したいときには使えません。

小数値まで記述する手法

`1px` の間隔ではなく、`0.02px` 引いた値で記述します。

CSS

```css
@media (max-width: 767.98px) {
  /* 768px未満 */
}
@media (min-width: 768px) and (max-width: 991.98px) {
  /* 768px以上992px未満 */
```

```
}
@media (min-width: 992px) {
  /* 992px以上 */
}
```

0.01px だとSafariで正しく機能しないので、0.02px としています。

「not」演算子を使った手法

メディアクエリには not 演算子があり、全体の意味を反転することができます。

CSS

```
@media not all and (min-width: 768px) {
  /* 768px未満 */
}
```

768px以上でない、つまり768px未満となります。 not 演算子を使うときには all や screen などのメディアタイプも同時に指定する必要があります。しかし、not 演算子を使った手法ではメディアクエリ全体の意味を反転するので、768px以上992px未満といった条件は実装できません。

CSS

```
@media (min-width: 768px) {
  @media not all and (min-width: 992px) {
    /* 768px以上992px未満 */
  }
}
```

IEを除けば、メディアクエリを入れ子にすることで複雑な条件でも表現できるようになります。

COLUMN 対応状況の判定

`@supports` 規則を使うと、プロパティとその値が現在使っているブラウザに対応しているかどうかを判定できます。

CSS
```
@supports (display: grid) { ... }
```

括弧内にプロパティと値を記述します。この場合は `display` プロパティに指定できる値の `grid` に対応していればという判定ができます。

CSS
```
@supports (display: grid) and (display: flex) { ... }
```

`and` 演算子を使うと `grid` と `flex` 両方に対応している場合を判定できます。

CSS
```
@supports (display: flex) or (display: -ms-flexbox)
       or (display: -moz-box) or (display: -webkit-flex)
       or (display: -webkit-box) { ... }
```

また、`or` 演算子を使うとどれか1つでも対応していればという判定ができます。Flexboxなどベンダープレフィックスを含めて対応しているか確認したい場合に便利です。

CSS
```
@supports (display: flex) and (not (display: grid)) { ... }
```

`not` 演算子を使うと式を否定でき、`flex` に対応しているが `grid` に対応していない場合と判定できます。

▼ブラウザ対応表

IE	Edge	Firefox	Chrome	Safari	Opera	iOS Safari	Android
9	12	3.5	4	3	10.1	3	2.1

SECTION 07 メディアクエリなしのレスポンシブ

レスポンシブに対応するためにはメディアクエリを使うのが一般的です。しかし、メディアクエリを使わなくてもレスポンシブに対応する手法があります。もちろん、メディアクエリほど柔軟に指定できるものではありませんが、知っておいて損はありません。

「The Tab Four Technique」の手法

`min-width` と `max-width` 、`width` プロパティと `calc()` 関数を組み合わせた手法です。

HTML
```
<div class="box"></div>
```

CSS
```
.box {
  min-width: 150px;
  max-width: 100%;
  width: calc((500px - 100%) * 9999);
}
```

`calc()` 関数に指定された `500px` がメディアクエリのブレイクポイントとなり、`100%` は `.box` の親要素の横幅を表しています。`.box` の親要素の横幅が `600px` のとき、`calc()` 関数内を計算すると$(500 - 600) \times 9999 = -999900$となり、マイナスの値になります。このときには、最小幅を表す `min-width` プロパティの値である `150px` が使われます。また、`.box` の親要素の横幅が `400px` のときは$(500 - 400) \times 9999 = 999900$となり、最大幅を表す `max-width` プロパティの `100%` が使われます。つまり、わかりやすいようにメディアクエリを使って表すと次のようになります。

CSS

```
.box {
  width: 100%;
}
@media (min-width: 500px) {  /* .boxの親要素の横幅が500px以上のとき */
  .box {
    width: 150px;
  }
}
```

ただし、メディアクエリの場合と違い、画面幅ではなく `.box` の親要素の横幅が `500px` 以上の場合であることに注意する必要があります。

「flex-wrap」を使った手法

`flex-wrap` プロパティを使うと1行に収まりきらない場合に折り返して表示されるようになります。

HTML

```
<div class="grid">
  <div class="column">アイテム</div>
  <div class="column">アイテム</div>
  <div class="column">アイテム</div>
  <div class="column">アイテム</div>
  <div class="column">アイテム</div>
</div>
```

CSS

```
.grid {
  display: flex;
  flex-wrap: wrap;
  margin: -20px 0 0 -22px;
}
.column {
  box-sizing: border-box;
  flex: 1 0 180px;
  padding: 20px 0 0 22px;
}
```

flex-basis プロパティに 180px を指定すると、最低でも 180px の横幅を持つことになり、flex-grow プロパティに 1 を指定することでそれ以外の余ったスペースを埋めるようになります。また、溝部分は《Flexboxによるグリッドシステム》（134ページ）で紹介する手法で実装しています。

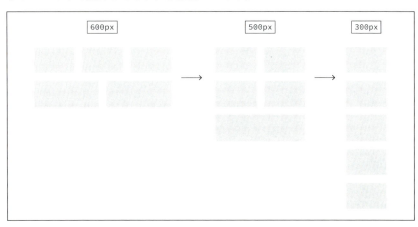

「flex-grow」を使った手法

Flexboxで2カラムのうち、片方のカラムを可変にするレイアウトを作成してみます。

HTML

```
<div class="container">
  <div class="side">...</div>
  <div class="main">...</div>
</div>
```

CSS

```
.container {
  display: flex;
  flex-wrap: wrap;
}
.main {
  flex: 1 0 300px;
}
```

.main は flex-basis に 300px を指定して、最低でも 300px の幅は確保されるようにして、flex-grow プロパティに 1 を指定することで残りのスペースを埋めるようにします。すると、.main は可変幅で .side は文字量に応じたレイアウトにできます。先ほどの flex-wrap の手法を使っているので、メディアクエリなしでレスポンシブにできますが、1つ問題があります。

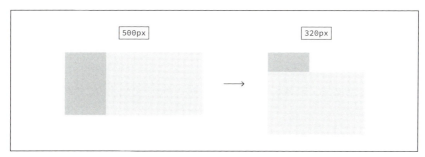

画面幅が 320px のときは .main の横幅は 300px 以上を維持しようとして折り返されます。しかし、.side の横幅に注目してみると、横幅いっぱいに広がっていません。これは、.side の flex-grow の値が初期値である 0 だからです。1 以上の数値を指定しないと余ったスペースを埋めようとはしません。

CSS

```css
.container {
  display: flex;
  flex-wrap: wrap;
}
.side {
  flex: 1;
}
.main {
  flex: 9999 0 300px;
}
```

そこで、.side には 1 を指定し、.main はそれに対してかなり大きい値である 9999 を指定します。すると、画面幅に応じて2カラムから1カラムへ変化させることができます。

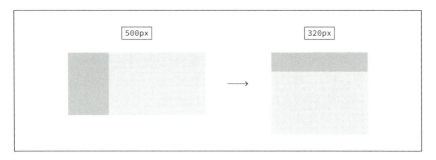

📝 Gridを使った手法

`flex-wrap` の手法とほとんど同じですが、Gridで実装すると最終行の表示が異なります。

HTML

```
<div class="grid">
  <div class="column">アイテム</div>
  <div class="column">アイテム</div>
  <div class="column">アイテム</div>
  <div class="column">アイテム</div>
  <div class="column">アイテム</div>
</div>
```

CSS

```
.grid {
  display: grid;
  grid-template-columns: repeat(auto-fit, minmax(180px, 1fr));
  grid-gap: 22px 20px;
}
```

`repeat()` 関数は繰り返しの指定ができ、第1引数に `auto-fit` を指定することで親要素の横幅によって自動調整されるようになります。 `minmax()` 関数は最小幅と最大幅を指定でき、最小幅が `180px` になるようにしています。この手法がシンプルでおすすめです。

SECTION 07 ■ メディアクエリなしのレスポンシブ

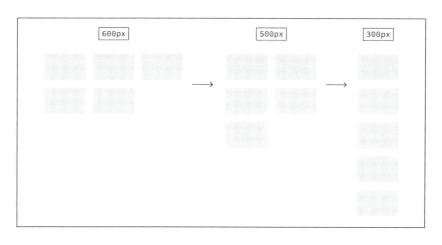

▼ブラウザ対応表（「The Tab Four Technique」の手法）

IE	Edge	Firefox	Chrome	Safari	Opera	iOS Safari	Android
9	12	4	4	3	15	3	4.4

▼ブラウザ対応表（「flex-wrap」を使った手法）

IE	Edge	Firefox	Chrome	Safari	Opera	iOS Safari	Android
10	12	28	22	6.1	12.1	6.1	4.4

▼ブラウザ対応表（「flex-grow」を使った手法）

IE	Edge	Firefox	Chrome	Safari	Opera	iOS Safari	Android
10	12	28	22	6.1	12.1	6.1	4.4

▼ブラウザ対応表（Gridを使った手法）

IE	Edge	Firefox	Chrome	Safari	Opera	iOS Safari	Android
−	16	52	57	10.1	44	10.3	57

イベントハンドラ

イベントハンドラとはマウスなどの操作に対し、特定の処理を与えるための命令で、CSSは `:hover` でホバーしたときの処理を記述できます。しかし、JavaScriptのclickイベントのようなものはCSSの疑似クラスに存在しません。CSSでclickイベントを再現するには、`input` 要素と `:checked` 疑似クラスを使います。

兄弟要素に対して指定する

CSSによるclickイベントの例として、シンプルな表示と非表示を切り替える処理を実装します。まずは、表示/非表示ボタン（`label`）とそれによって切り替わる要素（`.toggle`）が兄弟要素である場合です。

HTML

```html
<label for="handler">切り替えボタン</label>
<input id="handler" type="checkbox">
<div class="toggle">あのイーハトーヴォの...</div>
```

`label` 要素が表示と非表示を切り替えるボタンで、`.toggle` が切り替わるコンテンツです。`label` 要素の `for` 属性の値と、`input` 要素の `id` 属性の値を同じにすることで関連付けられます。これで、`label` 要素がクリックされると `input` 要素がチェックされるようになります。

CSS

```css
input {
  position: absolute;
  left: -9999em;
}
.toggle {
  display: none;
}
input:checked + .toggle {
  display: block;
}
```

`input` 要素が画面上に表示されていると不自然なので、絶対配置にして `left` プロパティの値を `-9999em` とすることで、画面外に飛ばしています。非表示にするときに `display` プロパティに `none` を指定すると、キーボードで操作できなくなったり音声読み上げされなくなってしまうので注意が必要です。また、`.toggle` は `display` プロパティの値に `none` を指定して非表示にしておき、`input` 要素がチェックされたら隣接兄弟結合子 `+` を使って隣接する `.toggle` を表示させるようにします。これで、CSSでもclickイベントを実装できます。

HTML

```
<label for="handler">切り替えボタン</label>
<input id="handler" type="checkbox">
<div></div>
<div></div>
<div class="toggle">あのイーハトーヴォの...</div>
```

CSS

```
input:checked ~ .toggle {
  display: block;
}
```

`input` 要素と `.toggle` が離れている場合は、間接結合子 `~` を使うことで対応できます。

子要素に対して指定する

表示/非表示ボタン（`label`）とそれによって切り替わる要素（`.toggle`）が子要素または下階層にある場合です。

HTML

```
<label for="handler">切り替えボタン</label>
<input id="handler" type="checkbox">
<div>
  <div class="toggle">あのイーハトーヴォの...</div>
</div>
```

```css
input:checked + div .toggle {
  display: block;
}
```

　input 要素に隣接する(隣接兄弟結合子 +) div 要素の子要素(子孫結合子　(半角スペース))に .toggle があるので、.toggle が下階層にあっても指定できます。

親要素に対して指定する

　表示/非表示ボタン(label)とそれによって切り替わる要素(.toggle)が親要素または上階層にある場合です。

```html
<div>
  <label for="handler">切り替えボタン</label>
</div>
<input id="handler" type="checkbox">
<div class="toggle">あのイーハトーヴォの...</div>
```

```css
input:checked + .toggle {
  display: block;
}
```

　input 要素に隣接する(隣接兄弟結合子 +) .toggle に対して指定しています。input 要素をクリックによって変化させたい要素の前に配置することで、どんな場合でも対応できます。

COLUMN スムーススクロール

`scroll-behavior` プロパティを使うとページ内リンクでなめらかに遷移するようにできます。

HTML

```
<a href="#target">ページ内リンク</a>
...
<div id="target">ジャンプ先</div>
```

`a` 要素の `href` 属性にジャンプ先の `id` 属性の値を指定するとページ内で移動させることができます。

CSS

```
html {
  scroll-behavior: smooth;
}
```

`html` で `scroll-behavior` プロパティに `smooth` を指定すると、ブラウザで定義されているタイミング関数を使ってなめらかにスクロールするようになります。残念ながらタイミング関数をカスタマイズすることはできないので、自由に速さを調整したい場合はJavaScriptを使うしかありません。

CSS

```
.container {
  height: 500px;
  overflow-y: auto;
  scroll-behavior: smooth;
}
```

また、`html` 要素ではなく特定の要素内でスムーススクロールさせたい場合は `height` プロパティでスクロールさせる要素の幅を指定し、`overflow` プロパティでスクロールできるようにしないと、`scroll-behavior` プロパティの指定が効かないので注意が必要です。

▼ブラウザ対応表

IE	Edge	Firefox	Chrome	Safari	Opera	iOS Safari	Android
7	12	3.5	4	3.2	10.1	6	2.1

CHAPTER 2
タイポグラフィ

ぶら下げインデント

1行目に見出しなどの項目がある場合、2行目以降は字下げされるようにするぶら下げインデントを使うことがあります。ぶら下げインデントを使うと、2行目以降の文頭が揃うので見栄えがよくなり、見出しを目立たせることができます。

「text-indent」プロパティを使った手法

`text-indent` プロパティは先頭行のはじめに挿入するスペースの幅を指定できます。

HTML

```html
<div class="text">※あのイーハトーヴォの...</div>
```

CSS

```css
.text {
  margin-left: 1em;
  text-indent: -1em;
}
```

`margin-left` プロパティで左に1文字分スペースをあけて、`text-indent` プロパティで先頭行のみ1文字分左にインデントします。すると、※印をぶら下げインデントさせることができます。 `margin-left` プロパティではなく、`padding-left` プロパティで代用することもできます。

> ※あのイーハトーヴォのすきとおった風、夏でも底に冷たさをもつ青いそら、うつくしい森で飾られたモリーオ市、郊外のぎらぎらひかる草の波。

しかし、この手法は等幅フォントである場合にのみ使えて、1文字の幅がそれぞれ異なるプロポーショナルフォントには使えません。また、※印の場合はよいのですが、インデントさせたい文字が1文字ではない場合に調整が必要になるので汎用的とはいえません。

「table-cell」を使った手法

`display` プロパティに指定できる `table-cell` を使うと、`text-indent` プロパティでインデントさせたい文字数を指定する必要がなくなります。

HTML

```
<div class="text">あのイーハトーヴォの...</div>
```

CSS

```
.text {
  display: table;
  width: 100%;
}
.text::before {
  display: table-cell;
  padding-right: .2em;
  content: '※';
}
```

※印は疑似要素を使って描画します。疑似要素を使うことで余白を調整でき、`table-cell` の場合には `margin` プロパティは使えないので `padding` プロパティで調整しています。

> ※ あのイーハトーヴォのすきとおった風、夏でも底に冷たさ
>   をもつ青いそら、うつくしい森で飾られたモリーオ市、郊
>   外のぎらぎらひかる草の波。

HTML

```
<div class="text">
  <div class="mark">※</div>
  あのイーハトーヴォの...
</div>
```

CSS

```
.text {
  display: table;
  width: 100%;
}
```

```css
.mark {
  display: table-cell;
  padding-right: .2em;
}
```

もちろん疑似要素を使わないで実装もできるので、汎用性は高いです。

Flexboxを使った手法

`table-cell` の代わりにFlexboxを使うことで同じように実装できます。

HTML

```html
<div class="text">あのイーハトーヴォの...</div>
```

CSS

```css
.text {
  display: flex;
}
.text::before {
  display: block;
  margin-right: .2em;
  content: '※';
}
```

Flexboxを使うとシンプルに記述できます。今回は※印の1文字なのでこれでよいですが、文字数が多くなる場合には勝手に改行されたりするので、`flex` プロパティを使って横幅を調整する必要があります。

COLUMN 疑似要素のコロンの数

疑似要素は `:before` のようにコロンが1つの場合と `::before` のようにコロンが2つの場合があります。CSS2までは `:before` が使われていました。しかし、CSS3からは `:hover` などの疑似クラスと区別するために疑似要素は `::before` で記述するようになりました。ブラウザには後方互換性があり、コロンが1つの構文でも疑似要素を使えます。また、コロンが2つの構文はIE8以下のブラウザでは使えないので注意が必要です。

▼ブラウザ対応表（「text-indent」プロパティを使った手法）

IE	Edge	Firefox	Chrome	Safari	Opera	iOS Safari	Android
7	12	2	4	3	10.1	3	2.1

▼ブラウザ対応表（「table-cell」を使った手法）

IE	Edge	Firefox	Chrome	Safari	Opera	iOS Safari	Android
8	12	3.6	4	5.1	15	5.1	4.1

▼ブラウザ対応表（Flexboxを使った手法）

IE	Edge	Firefox	Chrome	Safari	Opera	iOS Safari	Android
11	12	22	4	3	12.1	3	2.3

SECTION 10 囲み文字

よく雑誌の見出しなどで使われる、文字に合わせて四角く縁取りをされ、中は単色で塗りつぶされた表現があります。Webサイトでは多くの場合、画像を用いて表現していました。CSSだけで表現できれば、簡単に変更ができ、汎用性も高くすることができます。

左右の余白を表現する

まずは、簡単に表現できる部分を作ります。

HTML

```html
<div class="container">
  <div class="text">あのイーハトーヴォの...</div>
</div>
```

CSS

```css
.container {
  margin: auto;
  max-width: 400px;
}
.text {
  display: inline;
  padding: .3em 0;
  color: #fff;
  line-height: 3.2;
  background-color: #47485e;
}
```

`.container` は最大幅を400pxにするための要素で、重要なのは `.text` の部分です。`display` プロパティに `inline` を指定することで、`background-color` で背景色を付けるときに文字の幅に合わせて色を付けられます。また、`line-height` プロパティの値を大きめにすることで行どうしがくっ付かないようにします。

かなり完成に近づきましたが、`padding` プロパティの値を `.3em 0` というように上下にだけ指定していることに気付いたでしょうか。試しに、左右方向にも余白を設定してみましょう。

CSS

```
.text {
  padding: .3em .5em;
}
```

左右方向にも `.5em` の余白を付けると次のようになります。

`.text` はインライン要素のため、最初の行の左と最後の行の右にしか余白を付けることができません。では、各行に対して左右の余白を付けたいときにはどのようにすればよいかというと、`box-shadow` プロパティを使います。

CSS

```
.container {
  box-sizing: border-box;
  margin: auto;
  padding: 0 .5em;
  max-width: 400px;
}
.text {
  display: inline;
  padding: .3em 0;
```

```
    color: #fff;
    line-height: 3.2;
    background-color: #47485e;
    box-shadow: .5em 0 #47485e,
               -.5em 0 #47485e;
}
```

　box-shadow プロパティを使って背景色と同じ色で、左右に .5em ずらした影を作ります。box-shadow プロパティはレイアウトに影響しないプロパティのため、このままだと .container の幅である400pxを超えてしまいます。

　そこで、.container で padding プロパティに 0 .5em を指定することで左右に影と同じ幅の余白を作ります。

少しずれた影の追加

　box-shadow プロパティを使って左右に余白を付けたサンプルに、さらに影を付けてみます。

CSS

```
.text {
  box-shadow: .5em 0 #47485e,
             -.5em 0 #47485e,
              0 .4em #2dc7c3,
             .9em .4em #2dc7c3;
}
```

　右下にずらした影を作ることでよりクオリティを上げられます。2つの影を合わせることで実装できます。1つ目の影は下に .4em ずらします。2つ目の影は左右の余白である .5em とずらした影の幅である .4em を合わせた .9em だけ右にずらし、下に .4em ずらします。2つの影は重ねられて描画されるので、1つの影のように見えます。

SECTION 10 ■ 囲み文字

あのイーハトーヴォのすきとおった風、夏でも底に冷たさをもつ青いそら、うつくしい森で飾られたモリーオ市、郊外のぎらぎらひかる草の波。

枠線の追加

`box-shadow` プロパティで影をずらすテクニックを使えば枠線だけにすることもできます。

CSS

```
.container {
  box-sizing: border-box;
  margin: auto;
  padding: 0 calc(.5em + 2px);
  max-width: 400px;
}
.text {
  display: inline;
  padding: .3em 0;
  line-height: 3.2;
  background-color: #fff;
  box-shadow: .5em 0 #fff,
              -.5em 0 #fff,
              0 -2px #47485e, /* 上 */
              0 2px #47485e,  /* 下 */
              calc(-.5em - 2px) -2px #47485e, /* 左上 */
              calc(.5em + 2px) -2px #47485e,  /* 右上 */
              calc(-.5em - 2px) 2px #47485e,  /* 左下 */
              calc(.5em + 2px) 2px #47485e;   /* 右下 */
}
```

枠線を表現するためには6つの影をずらして作ります。左右の余白分である `.5em` と枠線の幅である `2px` を計算するために、異なる単位どうしで計算できる `calc()` 関数を使っています。

SECTION 10 ● 囲み文字

> COLUMN 「box-decoration-break」の活用
>
> 　`box-shadow` プロパティを使った方法は便利ですが、少し扱いにくいかもしれません。CSSには実験的な機能として、`box-decoration-break` というプロパティがあります。このプロパティには、要素の内容が複数行にまたがるときなどにどのように描画するかを指定できます。

CSS

```css
.container {
  margin: auto;
  max-width: 400px;
}
.text {
  box-decoration-break: clone;
  display: inline;
  padding: .3em .5em;
  line-height: 3.2;
  background-color: #47485e;
}
```

　`box-decoration-break` プロパティの値を `clone` にすると、それぞれの断片が行ごとに個別に描画されるようになります。そのため、`padding` プロパティに .3em .5em と指定するだけで、各行ごとに余白ができます。

> 　非常に簡単に表現できますが、現時点では実験的な機能のため、Chrome
> やSafariでは親要素の幅を飛び出してしまうバグがあります。`box-shadow`
> の手法と比べてみると、「モリーオ」の「オ」の部分が飛び出していることがわか
> ります。Firefoxでは正しく表示されるので、将来的には修正されると考えられ
> ますが、現時点では`box-shadow`の手法を使った方がいいかもしれません。

▼ブラウザ対応表

IE	Edge	Firefox	Chrome	Safari	Opera	iOS Safari	Android
9	12	3.5	4	3	10.6	3	4

SECTION 11 90°回転文字

　HTMLで表を作っている際に、列が多くなってくると見出しの「flexコンテナ」部分が窮屈になってきます。

flexコンテナ	flex-direction	flex アイテムをどのように配置するか。
	flex-wrap	flex アイテムを1行に収めるか、折り返して複数行にするか。
	flex-flow	flex-direction と flex-wrap の一括指定。

　このような場合、書籍では見出し部分を左に90°回転させてスペースを有効に使う方法が使われています。しかし、同じ方法をWeb上で表現するのはそう簡単なことではありません。

「transform」プロパティで回転させる

　`transform` プロパティで指定できる `rotate()` 関数を使うことで回転できますが、`transform` プロパティはレイアウトに影響しないため、そのままでは隣接する要素と重なり合ってしまいます。

HTML

```
<table>
  <tr>
    <th rowspan="3">
      <div class="text">
        <div class="inner">flexコンテナ</div>
      </div>
    </th>
    <td>flex-direction</td>
    <td>flexアイテムをどのように...</td>
  </tr>
  <tr>
```

```
    <td>flex-wrap</td>
    <td>flexアイテムを1行に収める...</td>
  </tr>
  <tr>
    <td>flex-flow</td>
    <td>flex-directionとflex-wrap...</td>
  </tr>
</table>
```

回転させたい文字を .text と .inner で囲みます。

```css
.text {
  display: inline-block;
  width: 1em;
  line-height: 1;
  overflow: hidden;
}
```

.text で overflow プロパティに hidden を指定していますが、理由は後でわかります。

```css
.inner {
  display: inline-block;
  white-space: nowrap;
  transform-origin: 0 0;
  transform: translateY(100%) rotate(-90deg);
}
```

white-space プロパティに nowrap を指定して改行させないようにします。nowrap を指定していることからわかるように、この手法は文字が1行の場合のみ使えます。

SECTION 11 ● 90°回転文字

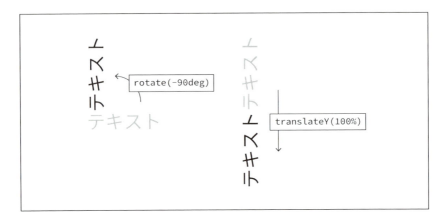

`transform` プロパティに指定した値は後ろから順に適用されるため、まず `rotate(-90deg)` で左回りに90°回転され、次に `translateY(100%)` で下方向に文字の高さだけ移動されます。これで文字を回転させることはできましたが、まだ肝心の高さが確保されていません。

CSS

```
.inner::before {
  float: left;
  margin-top: 100%;
  content: '';
}
```

《アスペクト比の固定》(155ページ)の手法を使って1：1の正方形になるようにします。`.inner::before` は実際には横幅が `0` なので見えませんが、わかりやすいように図示すると次ページの図のようになります。回転しているので `.inner::before` が横長になっていますが、`transform` プロパティはレイアウトに影響しないプロパティのため、実際は回転させる前の縦長の向きとして扱われます。

SECTION 11 ■ 90°回転文字

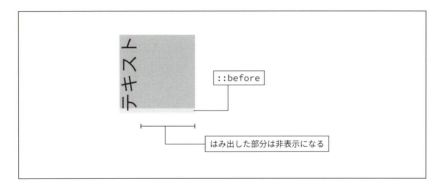

最初に `.text` で `overflow` プロパティに `hidden` を指定したのは、文字以外のはみ出した領域を非表示にするためです。これで、文字の長さ分の高さを確保でき、次のように表の見出し部分がコンパクトになります。

flexコンテナ		
	flex-direction	flex アイテムをどのように配置するか。
	flex-wrap	flex アイテムを1行に収めるか、折り返して複数行にするか。
	flex-flow	flex-direction と flex-wrap の一括指定。

縦書きの活用

縦書きにする文字を `.text` で囲み、`writing-mode` プロパティに `vertical-rl` を指定することで縦書きにできます。

HTML

```
<table>
  <tr>
    <th rowspan="3">
      <div class="text">flexコンテナ</div>
    </th>
    <td>flex-direction</td>
    <td>flexアイテムをどのように...</td>
  </tr>
  <tr>
    <td>flex-wrap</td>
```

```html
    <td>flexアイテムを1行に収める...</td>
  </tr>
  <tr>
    <td>flex-flow</td>
    <td>flex-directionとflex-wrap...</td>
  </tr>
</table>
```

```css
.text {
  width: 1em;
  height: 7em;
  line-height: 1;
  writing-mode: vertical-rl;
}
```

今回は1行で表示させたいので、`width` プロパティに `1em`、`line-height` プロパティに `1` を指定しています。どのブラウザでも同じように表示させるためには `width` と `height` プロパティで明示的に指定しなければならないのが難点です。

flexコンテナ		
	flex-direction	flex アイテムをどのように配置するか。
	flex-wrap	flex アイテムを1行に収めるか、折り返して複数行にするか。
	flex-flow	flex-direction と flex-wrap の一括指定。

COLUMN 疑似要素内の改行

疑似要素 `::before` や `::after` の `content` プロパティ内で改行したい場合は、Unicodeで改行を表すコード `U+000A` を指定します。

HTML

```
<div class="break"></div>
```

CSS

```
.break::before {
  content: '改\000A行';
  white-space: pre;
}
```

`\000A` を記述した位置で改行されるようになります。このとき、`white-space` プロパティに `pre` を指定して改行をそのまま表示するようにする必要があります。

CSS

```
.break::before {
  content: '改\A行';
  white-space: pre;
}
```

また、`000` の部分は省略できるので、`\A` と短縮することもできます。

▼ブラウザ対応表(「transform」プロパティで回転する)

IE	Edge	Firefox	Chrome	Safari	Opera	iOS Safari	Android
9	12	3.6	4	3	10.6	3	2.1

▼ブラウザ対応表(縦書きの活用)

IE	Edge	Firefox	Chrome	Safari	Opera	iOS Safari	Android
8	12	40	17	7	15	7	4.4

文字の省略

　レスポンシブデザインに対応するために大変なのが、長い文字です。長い文字は、画面幅によって行数が変わるのでデザインに大きな影響を及ぼし、レイアウト崩れの原因にもなります。そのような問題に対する解決策の1つとして、長い文字は省略して表示させる手法があります。

1行の場合

　`text-overflow` プロパティは文字が表示領域をはみ出している場合にどのように描画するかを指定できます。

HTML

```html
<div class="text">あのイーハトーヴォの...</div>
```

CSS

```css
.text {
  text-overflow: ellipsis;
  white-space: nowrap;
  overflow: hidden;
}
```

　`text-overflow` プロパティに `ellipsis` を指定すると領域に収まりきらない場合に省略記号 … が表示されます。また、`white-space` プロパティに `nowrap` を指定して改行させないようにして、`overflow` プロパティに `hidden` を指定することではみ出した文字を非表示にします。

> あのイーハトーヴォのすきとおった風、夏でも底に冷た…

　フォントによっては省略記号が中央に寄ってしまうので、《合成フォント》(80ページ)の手法を使って省略記号のUnicodeだけ下揃えにすることもできます。

複数行の場合

`text-overflow` プロパティは複数行には対応していません。これは、`text-overflow` プロパティが水平方向にはみ出した場合にしか効かないためです。そこで、少し違った手法で複数行に対応できます。

◆「line-clamp」を使った手法

Flexboxの旧仕様である `-webkit-box` を使うと複数行に対応できます。

HTML

```
<div class="text">あのイーハトーヴォの...</div>
```

CSS

```
.text {
  display: -webkit-box;
  -webkit-box-orient: vertical;
  -webkit-line-clamp: 3;
  overflow: hidden;
}
```

`-webkit-box-orient` プロパティに `vertical` を指定して上から下方向となるようにして、`-webkit-line-clamp` プロパティに `3` を指定して3行で省略表示になるようにします。`overflow` プロパティに `hidden` を指定して残りのはみ出した文字を非表示にします。

> あのイーハトーヴォのすきとおった風、夏でも底に冷たさ
> をもつ青いそら、うつくしい森で飾られたモーリオ市、郊
> 外のぎらぎらひかる草の波。またそのなかでいっしょに…

◆ 疑似要素を使った手法

疑似要素を絶対配置して省略記号を表示させる手法です。

HTML

```
<div class="text">あのイーハトーヴォの...</div>
```

SECTION 12 ● 文字の省略

CSS

```css
.text {
  position: relative;
  height: 5.25em;
  line-height: 1.75;
  overflow: hidden;
}
.text::before {
  position: absolute;
  right: 0;
  bottom: 0;
  content: '...';
  background-color: #fff;
}
.text::after {
  position: absolute;
  width: 100%;
  height: 100%;
  content: '';
  background-color: #fff;
}
```

　`.text` で表示させたい行数を指定します。3行で表示させたい場合は、`line-height` プロパティに行数を掛けた値が高さとなるので、$1.75 \times 3 = 5.25$ より、`height` プロパティに `5.25em` を指定しています。`overflow` プロパティに `hidden` を指定して残りの行は表示されないようにします。

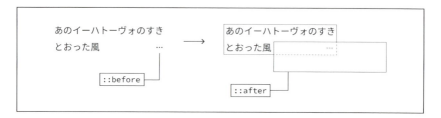

　疑似要素 `::before` は右下に配置して、`content` プロパティで省略記号を表示させています。しかし、指定よりも行数が少ない場合でも省略記号が表示されたままになってしまいます。そこで、疑似要素 `::after` を使って背景色と同じ色 `#fff` で覆います。これで、行数が指定より少ない場合でも対応できます。

> あのイーハトーヴォのすきとおった風、夏でも底に
> 冷たさをもつ青いそら、うつくしい森で飾られたモ
> リーオ市、郊外のぎらぎらひかる草の波。またそ*の*...

この手法は絶対配置で省略記号を表示しているため、文字の途中で省略記号が表示されることがあります。また、疑似要素 `::after` で覆いかぶせているので、背景色が単色でないと使えません。

画面幅によって切り替え

常に文字を省略するのではなく、画面幅に応じて自動的に文字を切り替えるという手法があります。単純にメディアクエリを使って切り替えると次のようになります。

HTML

```
<div class="text">
  <div class="short">ポラーノの広場</div>
  <div class="long">あのイーハトーヴォの...</div>
</div>
```

CSS

```
.long {
  display: none;
}
@media (min-width: 768px) {
  .short {
    display: none;
  }
  .long {
    display: block;
  }
}
```

768px 以上の画面幅では `.long` が表示され、768px 未満では `.short` が表示されます。しかし、フォントによっては文字幅が異なるため、安易にメディアクエリで切り替えるのはよくありません。そこで、文字が1行の場合にのみですが、メディアクエリに頼らない手法があります。

SECTION 12 ● 文字の省略

HTML

```html
<div class="text">
  <div class="short" aria-hidden="true">ポラーノの広場</div>
  <div class="long">あのイーハトーヴォのすきとおった風</div>
</div>
```

CSS

```css
.text {
  display: flex;
  flex-wrap: wrap;
  height: 1.6em;
  line-height: 1.6;
  white-space: nowrap;
  overflow: hidden;
}
.short {
  flex: 1 0 0;
  text-overflow: ellipsis;
  overflow: hidden;
}
.long {
  flex: 0 0 100%;
}
```

　`.text` で `flex-wrap` プロパティに `wrap` を指定して1行に収まらない場合は折り返されるようにします。`height` と `line-height` プロパティに同じ値を指定し、`white-space` と `overflow` プロパティを組み合わせることで文字を1行に収めています。`.long` で `flex-basis` プロパティに `100%` を指定して横幅いっぱいに広がるようにして、`.short` では `flex-basis` プロパティに `0` を指定して表示されないようにしています。

　これにより、画面幅が広い場合には `.long` が表示されますが、画面幅を狭めていき `.long` が1行に収まりきらなくなった場合には `flex-wrap` プロパティによって折り返されます。

　このとき、`.text` で1行分しか表示されないように指定してあるので、折り返された `.long` は見えません。`.short` は `flex-grow` プロパティに `1` が指定されているので、横幅いっぱいに広がり表示されるようになります。

さらに画面幅を狭めていき、`.short` が1行に収まりきらなくなった場合は、`text-overflow` プロパティによって省略表示されます。

```
<div class="text">
  <div class="short" aria-hidden="true">
    <div class="text">
      <div class="short">ポラーノの広場</div>
      <div class="long">郊外のぎらぎらひかる草の波</div>
    </div>
  </div>
  <div class="long">あのイーハトーヴォのすきとおった風</div>
</div>
```

また、入れ子にすることで切り替える文字を増やせます。この場合、画面幅に応じて「あのイーハトーヴォのすきとおった風」→「郊外のぎらぎらひかる草の波」→「ポラーノの広場」→「ポラーノ…」と切り替わります。

▼ブラウザ対応表（1行の場合）

IE	Edge	Firefox	Chrome	Safari	Opera	iOS Safari	Android
7	12	7	4	3	10.1	3	2.1

▼ブラウザ対応表（「line-clamp」を使った手法）

IE	Edge	Firefox	Chrome	Safari	Opera	iOS Safari	Android
-	17	-	14	5	15	5	2.3

▼ブラウザ対応表（疑似要素を使った手法）

IE	Edge	Firefox	Chrome	Safari	Opera	iOS Safari	Android
8	12	3.6	4	3	10.1	3	2.1

▼ブラウザ対応表（画面幅によって切り替え）

IE	Edge	Firefox	Chrome	Safari	Opera	iOS Safari	Android
-	12	34	48	11	35	11	4.4

合成フォント

　Illustratorでは合成フォントといって、日本語と英数字でフォントを変えることができます。CSSでも一部フォントを変更したいときは、`div`要素などで囲み、その都度、`font-family`プロパティでフォントを指定すれば可能です。しかし、そのようなことをしなくても、合成フォントを実装する手法があります。

「unicode-range」の活用

　CSSには、`@font-face`ルール内で使える`unicode-range`プロパティがあります。`unicode-range`プロパティの値にはUnicodeを指定でき、ページ内に`unicode-range`プロパティに指定したUnicode値の文字が存在すれば、ブラウザはフォントをダウンロードします。

CSS

```css
unicode-range: U+26;                 /* 1つの文字だけ */
unicode-range: U+0025-00FF;          /* 範囲の文字 */
unicode-range: U+4??;                /* ?でワイルドカード */
unicode-range: U+0025-00FF, U+4??;   /* カンマ区切りで複数指定 */
```

　`unicode-range`プロパティには複数の値を指定でき、ワイルドカードにも対応しているので、柔軟に指定できます。

CSS

```css
@font-face {
  font-family: 'NotoSansJP+YakuHanJP';
  font-style: normal;
  font-weight: 400;
  src: url(https://fonts.gstatic.com/ea/notosansjapanese/v6
          /NotoSansJP-DemiLight.woff2) format('woff2'),
       url(https://fonts.gstatic.com/ea/notosansjapanese/v6
          /NotoSansJP-DemiLight.woff) format('woff');
}
@font-face {
  font-family: 'NotoSansJP+YakuHanJP';
```

```
  font-style: normal;
  font-weight: 400;
  src: url(https://cdn.jsdelivr.net/npm/yakuhanjp@3.0.0/dist/fonts
          /YakuHanJP/YakuHanJP-DemiLight.woff2) format('woff2'),
       url(https://cdn.jsdelivr.net/npm/yakuhanjp@3.0.0/dist/fonts
          /YakuHanJP/YakuHanJP-DemiLight.woff) format('woff');
}
body {
  font-family: 'NotoSansJP+YakuHanJP';
}
```

ベースはNoto Sans JPで、約物は半角で表示できるYaku Han JPというフォントを使うように `@font-face` で定義します。

- Yaku Han JP
  URL https://qrac.github.io/yakuhanjp/

CSSでは後ろに書くものは上書きされるので、約物はYaku Han JPが適用されるようになります。ここで、次のような文字がページ内にあるとします。

HTML

あのイーハトーヴォ

使われているのはひらがなとカタカナで、約物は使われていません。しかし、ブラウザはNoto Sans JPとYaku Han JPの両方をダウンロードしてしまいます。使われていないのにダウンロードされてしまうと、ページの読み込み速度の問題にもつながります。そんなときに便利なのが `unicode-range` プロパティです。

CSS

```
@font-face {
  font-family: 'NotoSansJP+YakuHanJP';
  font-style: normal;
  font-weight: 400;
  src: url(https://cdn.jsdelivr.net/npm/yakuhanjp@3.0.0/dist/fonts
          /YakuHanJP/YakuHanJP-DemiLight.woff2) format('woff2'),
       url(https://cdn.jsdelivr.net/npm/yakuhanjp@3.0.0/dist/fonts
          /YakuHanJP/YakuHanJP-DemiLight.woff) format('woff');
```

```
    unicode-range: U+3001-3002, U+3008-3011, U+3014-3015, U+30FB,
                   U+FF01, U+FF08-FF09, U+FF1A-FF1B, U+FF1F, U+FF3B,
                   U+FF3D, U+FF5B, U+FF5D;
}
```

　Yaku Han JPの定義に `unicode-range` プロパティで、約物 、。！？〈〉《》「」『』【】〔〕・（）：；［］｛｝ のUnicodeを指定します。すると、ページ内に約物がないときにはNoto Sans JPだけがダウンロードされ、約物があるときはNoto Sans JPとYaku Han JPの両方がダウンロードされるようになります。このように、`unicode-range` はブラウザにフォントをダウンロードさせるかどうかを指定できるプロパティですが、結果だけ見れば、やっていることは合成フォントと変わりません。

フォントの合成

　`unicode-range` プロパティの仕組みが理解できたところで、ひらがなとカタカナはRounded M+ 1cで、それ以外はNoto Sans JPの合成フォントを作成します。

```css
@font-face {
  font-family: 'NotoSansJP+RoundedMPlus1c';
  font-style: normal;
  font-weight: 400;
  src: url(https://fonts.gstatic.com/ea/notosansjapanese/v6
           /NotoSansJP-DemiLight.woff2) format('woff2'),
       url(https://fonts.gstatic.com/ea/notosansjapanese/v6
           /NotoSansJP-DemiLight.woff) format('woff');
}
@font-face {
  font-family: 'NotoSansJP+RoundedMPlus1c';
  font-style: normal;
  font-weight: 400;
  src: url(https://fonts.gstatic.com/ea/roundedmplus1c/v1
           /RoundedMplus1c-Regular.woff2) format('woff2'),
       url(https://fonts.gstatic.com/ea/roundedmplus1c/v1
           /RoundedMplus1c-Regular.woff) format('woff');
  unicode-range: U+3040-309F, U+30A0-30FF;
}
```

```
body {
  font-family: 'NotoSansJP+RoundedMPlus1c';
}
```

まず、ベースとなるNoto Sans JPを定義します。次に、ひらがなとカタカナはRounded M+ 1cにするために、`unicode-range` プロパティにひらがなのUnicode `U+3040-309F` とカタカナのUnicode `U+30A0-30FF` を範囲指定します。すると、次のように合成フォントを作成できます。

> あのイーハトーヴォのすきとおった風、夏でも底に冷たさをもつ青いそら、うつくしい森で飾られたモリーオ市、郊外のぎらぎらひかる草の波。

一見するとRounded M+ 1cのひらがなとカタカナだけが動的にサブセットされているように見えますが、実際はRounded M+ 1cのすべてのグリフをダウンロードしています。日本語フォントは容量が大きいので、合成フォントを作る際は、ひらがなとカタカナにサブセットしておくなど、使うグリフだけにしておくとよいです。

▼ブラウザ対応表

IE	Edge	Firefox	Chrome	Safari	Opera	iOS Safari	Android
9	12	44	4	3.2	15	3.2	2.1

※IE9〜11、Edge12〜16、Chrome4〜35、Safari3.2〜9.1、Opera15〜22、iOS Safari3.2〜9.3、Android2.2〜4.4.4のバージョンではunicode-rangeプロパティの指定に関係なく、@font-faceで定義したフォントすべてがブラウザによってダウンロードされる。

SECTION 14 文字の左右に水平線

見出しや区切りとして使われることの多いテクニックです。文字の左右に水平線を引くテクニックは以前からありましたが、文字部分の背景色を全体の背景色と同じにしなければならないなどの制約があり、一部の条件下では使うことができませんでした。現在では、Flexboxを使うことでどの条件下でも使えるように実装できます。

Flexboxの活用

Flexboxを使うと1つの要素で実装できます。

HTML

```html
<div class="text">あのイーハトーヴォ</div>
```

CSS

```css
.text {
  display: flex;
  align-items: center;
}
.text::before, .text::after {
  display: block;
  flex: 1;
  content: '';
  border-top: 1px solid #000;
}
.text::before {
  margin-right: 10px;
}
.text::after {
  margin-left: 10px;
}
```

`align-items` プロパティに `center` を指定することで上下中央揃えにしています。そして、疑似要素 `::before` が左の水平線、`::after` が右の水平線を表しています。

それぞれ `flex` プロパティに `1` を指定することで同じ割合で伸縮するようにしています。

———————— あのイーハトーヴォ ————————

また、疑似要素で `display` プロパティに `block` を指定しているのはIE11で描画されないバグを回避するためです。

文字が複数行にまたがる場合

文字部分が非常に長くなり、複数行にまたがるようになった場合、左右の水平線が完全に消えてしまいます。

あのイーハトーヴォのすきとおった風、夏でも底に冷たさ
をもつ青いそら

CSS

```
.text::before, .text::after {
  flex: 1 0 40px;
}
```

`flex-basis` プロパティにベースとなる `40px` を指定することで、最低でも40pxの幅で水平線が表示されるようにします。これで、左右の水平線が消えることはなくなります。

――― あのイーハトーヴォのすきとおった風、夏でも ―――
底に冷たさをもつ青いそら

▼ブラウザ対応表

IE	Edge	Firefox	Chrome	Safari	Opera	iOS Safari	Android
10	12	22	21	6.1	12.1	7	4.4

SECTION 15 境界で色が変わる文字

　文字の途中や背景との境界で色が変わる雑誌風の文字です。仕組みとしては、文字の上に半分だけ色を変えた文字を重ねて、色が切り替わって見えるようにします。

📝 文字が1行の場合

　文字が1行だけのときは `white-space` プロパティに `nowrap` を指定して、改行しないようにすれば簡単に実装できます。重ねる文字のために `data-text` 属性で同じ文字を指定しておきます。

HTML

```
<div class="container">
  <div class="text" data-text="あのイーハトーヴォ">あのイーハトーヴォ</div>
</div>
```

CSS

```
.container {
  padding: 10em 0;
  text-align: center;
  background-image: linear-gradient(90deg, #13548d 50%, #fff 50%);
}
```

　`.container` では `text-align` プロパティに `center` を指定して文字が中央揃えになるようにして、`linear-gradient()` 関数を使って左半分と右半分で背景色が切り替わるようにしておきます。

CSS

```
.text {
  position: relative;
  display: inline-block;
  color: #13548d;
  font-size: 2em;
}
```

```
.text::before {
  position: absolute;
  top: 0;
  left: 0;
  width: 50%;
  content: attr(data-text);
  color: #fff;
  white-space: nowrap;
  overflow: hidden;
}
```

data-text 属性に指定した値は content プロパティの attr() 関数で取得できます。疑似要素 ::before で横幅を半分にして、overflow プロパティに hidden を指定してはみ出した部分を非表示にします。疑似要素 ::before を絶対配置で左半分に重なるように配置すれば、ちょうど半分で色が切り替わる文字を実装できます。

文字が2行以上の場合

文字が2行以上になるときは white-space プロパティが使えないので別の方法を使う必要があります。

◆「overflow」を使った手法

overflow プロパティに hidden を指定して、はみ出した部分を非表示にした要素を重ねる手法です。

```html
<div class="container">
  <div class="text">
    <div class="cover" data-text="あのイーハトーヴォの..."></div>
    あのイーハトーヴォの...
  </div>
</div>
```

SECTION 15 ● 境界で色が変わる文字

CSS

```css
.container {
  padding: 10em 0;
  background-image: linear-gradient(90deg, #13548d 50%, #fff 50%);
}
.text {
  position: relative;
  margin: auto;
  width: 50%;
  color: #13548d;
  font-size: 2em;
}
.cover {
  position: absolute;
  top: 0;
  left: 0;
  width: 50%;
  height: 100%;
  overflow: hidden;
}
.cover::before {
  position: absolute;
  top: 0;
  left: 0;
  width: 200%;
  content: attr(data-text);
  color: #fff;
}
```

`.text` で横幅を `50%` にして中央揃えになるようにします。そして、重ねる文字は `.cover` の `data-text` 属性で定義しておきます。`.cover` で `width` プロパティに `50%` を指定して半分になるようにし、`overflow` プロパティに `hidden` を指定してはみ出した部分を非表示にします。

`.split` の疑似要素 `::before` で横幅を元の幅に戻すために `width` プロパティに `200%` を指定しています。`200%` は、分母が現在の横幅で分子が文字幅の次の数式で求められます。

$$\frac{100\,\%}{50\,\%} \times 100$$

SECTION 15 ■ 境界で色が変わる文字

あのイーハトーヴォのすき
とおった風、夏でも底に冷
たさをもつ青いそら。

◆ 「clip-path」を使った手法

clip-path プロパティを使って、左半分を切り取る手法です。

HTML

```
<div class="container">
  <div class="text" data-text="あのイーハトーヴォの...">
    あのイーハトーヴォの...
  </div>
</div>
```

CSS

```
.container {
  padding: 10em 0;
  background-image: linear-gradient(90deg, #13548d 50%, #fff 50%);
}
.text {
  position: relative;
  margin: auto;
  width: 50%;
  color: #13548d;
  font-size: 2em;
}
.text::before {
  position: absolute;
  top: 0;
  left: 0;
  width: 100%;
  content: attr(data-text);
  color: #fff;
  clip-path: polygon(0 0, 50% 0, 50% 100%, 0 100%);
}
```

clip-path プロパティに polygon() 関数を使って左半分を切り取るための4点を指定します。overflow プロパティを使った手法とは違い、無駄な空要素を用意する必要がないのが利点です。

画像との組み合わせ

背景色ではなく画像と組み合わせると、よりデザイン性が高くなります。レスポンシブ対応がしやすいように横幅はすべて % で指定します。

HTML

```
<div class="container">
  <div class="inner">
    <img src="https://picsum.photos/700/400?image=84">
    <div class="text">
      <div class="cover" data-text="あのイーハトーヴォの..."></div>
      あのイーハトーヴォの...
    </div>
  </div>
</div>
```

CSS

```
.container {
  margin: auto;
  max-width: 700px;
}
.inner {
  position: relative;
}
img {
  display: block;
  width: 70%;
}
```

.container では最大 780px で左右中央揃えになるようにしています。.inner で position プロパティに relative を指定し、絶対配置の基準要素となるようにします。img 要素は横幅が 70% になるようにしておきます。

```css
.text {
  position: absolute;
  top: 50%;
  left: 50%;
  color: #13548d;
  font-size: 1.5em;
  transform: translateY(-50%);
}
.cover {
  position: absolute;
  top: 0;
  left: 0;
  width: 40%;
  height: 100%;
  overflow: hidden;
}
.cover::before {
  position: absolute;
  top: 0;
  left: 0;
  width: 250%;
  height: 100%;
  content: attr(data-text);
  color: #fff;
}
```

`.text` は右半分に中央寄せで配置するようにします。`.cover` で重ねる文字を表現しますが、`width` プロパティに `40%` を指定してちょうど画像との境界で色が切り替わるようにします。そして、`.cover` の疑似要素 `::before` で次の数式より、`width` プロパティに `250%` を指定して横幅が元の文字幅に戻るようにします。すると、画像に重なった文字を表現できます。

$$\frac{100\,\%}{40\,\%} \times 100$$

SECTION 15 ● 境界で色が変わる文字

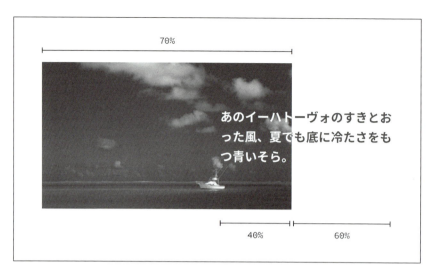

ここで、画像の透明度を下げてみると、次のように白文字部分の輪郭に少し縁取りが見えていることがわかります。

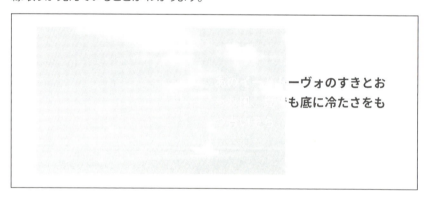

これは、文字を重ねる際に微妙なレンダリングのずれがあるからです。これを防ぐには、重ねて表示する白文字部分と青文字部分を別々に配置する必要があります。

HTML

```
<div class="container">
  <div class="inner">
    <img src="https://picsum.photos/700/400?image=875">
    <div class="text">
```

SECTION 15 ■ 境界で色が変わる文字

```
      <div class="cover-left" data-text="あのイーハトーヴォの..."></div>
      <div class="cover-right" data-text="あのイーハトーヴォの..."></div>
      <div class="area">あのイーハトーヴォの...</div>
    </div>
  </div>
</div>
```

CSS

```
.cover-left {
  position: absolute;
  top: 0;
  left: 0;
  width: 40%;
  height: 100%;
  overflow: hidden;
}
.cover-left::before {
  position: absolute;
  top: 0;
  left: 0;
  width: 250%;
  height: 100%;
  content: attr(data-text);
  color: #fff;
}
.cover-right {
  position: absolute;
  top: 0;
  right: 0;
  width: 60%;
  height: 100%;
  overflow: hidden;
}
.cover-right::before {
  position: absolute;
  top: 0;
  right: 0;
  width: 166.66667%;
  height: 100%;
  content: attr(data-text);
```

```
}
.area {
  opacity: 0;
}
```

　`.cover-left` は白文字部分で、`.cover-right` が青文字部分です。`.area` で `opacity` プロパティに `0` を指定することで文字の領域を確保しています。このように左右別々に配置することで、下のテキストは透明で見えないため、重ねた際のレンダリングのずれは起こらなくなります。

COLUMN 文字詰め

　OpenTypeフォントには字間を調整できるプロポーショナルメトリクスという機能があります。以前からPhotoshopやIllustratorなどのグラフィックソフトではプロポーショナルメトリクスを有効にすることで文字詰めできます。CSSでは `font-feature-settings` プロパティを使うことで文字詰めできます。

HTML

```html
<div class="text">あのイーハトーヴォの...</div>
```

CSS

```css
.text {
  font-feature-settings: 'palt';
}
```

　`font-feature-settings` プロパティに `'palt'` を指定すると、文字詰めされます。

指定なし
あのイーハトーヴォのすきとおった風、夏でも底に冷たさをもつ青いそら、うつくしい森で飾られたモリーオ市、郊外のぎらぎらひかる草の波。

paltを指定
あのイーハトーヴォのすきとおった風、夏でも底に冷たさをもつ青いそら、うつくしい森で飾られたモリーオ市、郊外のぎらぎらひかる草の波。

また、`letter-spacing`プロパティと一緒に使うと、字間が詰まりすぎないように調整できます。`font-feature-settings`プロパティに指定できる値は、かな関連のみ文字詰めする`'pkna'`や旧字体で表示する`'trad'`など、さまざまな値を指定できます。詳しくは次のページを見るとよいでしょう。

- **CSSでのOpenType機能の構文**
  URL https://helpx.adobe.com/jp/fonts/using/open-type-syntax.html

▼ブラウザ対応表(「overflow」を使った手法)

IE	Edge	Firefox	Chrome	Safari	Opera	iOS Safari	Android
10	12	3.6	39	4	11.5	4	2.1

▼ブラウザ対応表(「clip-path」を使った手法)

IE	Edge	Firefox	Chrome	Safari	Opera	iOS Safari	Android
-	-	54	39	6.2	29	6.2	4.4

SECTION 16 レスポンシブな文字サイズ

レスポンシブデザインが当たり前となった現在では、さまざまなデバイスへの対応が簡単にできるようになりました。

しかし、`font-size` はどうでしょうか。ブラウザ幅を小さくしていくと、いきなりガタッと `font-size` が変わってしまうWebサイトばかりです。今後さらにデバイスの種類も増えていく中で、メディアクエリのブレイクポイントを増やすだけで対応していくのも難しいところがあります。

その解決策として、CSSにはブラウザの横幅に応じて変化する `vw` という単位と、異なる単位どうしの計算ができる `calc()` という関数が用意されているので、それらを組み合わせることで実装できます。

1次関数の活用

たとえば、画面幅が `320px` のときは文字サイズを `14px` 、画面幅が `960px` のときは文字サイズを `18px` にし、その間は1次関数によって補間されるようにしてみます。ただし、画面幅が `320px` より小さくなっても `14px` 、画面幅が `960px` より大きくなっても `18px` のままにします。最小値と最大値を設けることで文字サイズが小さくなりすぎたり大きくなりすぎたりすることを防ぎます。1次関数を利用することでメディアクエリを細かく区切ることなく自動算出させることができるのです。

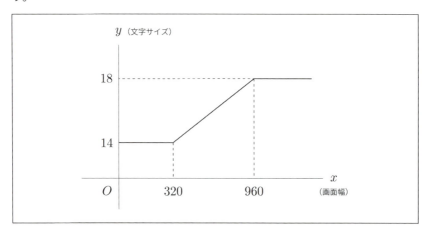

それでは、1次関数部分の式を求めてみます。$y = ax + b$において、

$$\begin{cases} a = \dfrac{18 - 14}{960 - 320} = 0.00625 \\ b = y - ax = 14 - 0.00625 \times 320 = 12 \end{cases}$$

より、$y = 0.00625x + 12$となります。

ここで、xは画面幅なので$100\,\text{vw}$と表すことができます。

よって、$y = 0.00625 \times 100\,\text{vw} + 12 = 0.625\,\text{vw} + 12$となります。

CSS

```
body {
  font-size: 14px;
}
@media (min-width: 320px) {
  body {
    font-size: calc(0.625vw + 12px);
  }
}
@media (min-width: 960px) {
  body {
    font-size: 18px;
  }
}
```

`calc()` 関数内に求められた1次関数$0.625\,\text{vw} + 12$を記述することで、自動算出させることができます。

1次関数式の工夫

　文字サイズを自動算出させることはできましたが、1次関数の式を求めるまでがとても面倒です。そこで、少し工夫をすることでわざわざ細かい計算をしなくて済むようにできます。

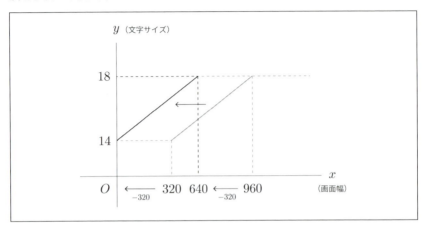

　1次関数部分を左に平行移動します。すると、先ほどは傾きaを求めてから、切片bは代入して求めていましたが、平行移動することによって切片bは14となるため計算式を簡略化することができます。傾きは変わっていないので、次の数式になります。

$$a = \frac{18 - 14}{960 - 320}$$

よって、次の数式になります。

$$y = \frac{18 - 14}{960 - 320}x + 14$$

　ここで、xは画面幅で、`320px` 左に平行移動しているので、$(100\,\text{vw} - 320)$と表すことができます。

　よって、次の数式となります。

$$y = \frac{18 - 14}{960 - 320}(100\,\text{vw} - 320) + 14$$

CSS

```css
body {
  font-size: 14px;
}
@media (min-width: 320px) {
  body {
    font-size: calc((18 - 14) * ((100vw - 320px) / (960 - 320)) + 14px);
  }
}
@media (min-width: 960px) {
  body {
    font-size: 18px;
  }
}
```

これで、計算をしなくても指定できます。ただし、計算式の中には単位が必要なところとそうでないところがあるので注意する必要があります。

すぐ使えるように、1次関数部分の公式を下記に記載しておきます。

CSS

calc((**文字サイズの最大値 - 文字サイズの最小値**) * ((100vw - **画面幅の最小値**) / (**画面幅の最大値 - 画面幅の最小値**)) + **文字サイズの最小値**)

ブラウザによる差異

Safariだけは、ブラウザをリサイズした際に vw の値が再計算されないバグがあります。

CSS

```css
/* Safari 7.1+ に適用される */
_::-webkit-full-page-media, _:future, :root, body {
  -webkit-animation: safariFix 1s forwards infinite;
}
@-webkit-keyframes safariFix {
  100% {
    z-index: 1;
  }
}
```

`z-index` プロパティをアニメーションさせることで再描画させることができるので、ブラウザのリサイズにも対応できます。

▼ブラウザ対応表

IE	Edge	Firefox	Chrome	Safari	Opera	iOS Safari	Android
9	12	19	34	7.1	21	7.1	4.4

インラインブロックの隙間

　`display` プロパティに指定できる値の1つである `inline-block` はインライン要素とブロックレベル要素の両方の性質をもつ便利な値です。簡単に横並びのレイアウトを実装できるため便利な反面、`inline-block` で並べられた要素間にスペースが生じることがあります。

HTML

```
<div class="item">アイテム</div>
<div class="item">アイテム</div>
<div class="item">アイテム</div>
```

CSS

```
.item {
  display: inline-block;
}
```

　たとえば、3つの要素を横並びにするために `inline-block` を指定すると次のような表示になります。

　要素間にスペースが生じていることがわかります。これは、HTMLではインライン要素における改行が半角スペースになるからです。このスペースを消すには色々な手法があります。

改行をしない手法

改行が半角スペースを生む原因になっているので、改行せずにひと続きで記述すればよいです。

HTML

```
<div class="item">アイテム</div><div class="item">アイテム</div><div class="item">アイテム</div>
```

※誌面の都合上、折返しになっていますが、実際は改行せず、1行で記述しています。

しかし、大量に要素があるときはソースコードの見通しが悪くなる可能性があります。また、HTMLの圧縮を行なっている場合にはすべてひと続きになるのでスペースが生まれることはありません。

改行位置を工夫する手法

要素と要素の間に改行がなければ問題ないので、`</div>` で改行するようにします。

HTML

```
<div class="item">アイテム
</div><div class="item">アイテム
</div><div class="item">アイテム</div>
```

これで見やすくはなりますが、少し不自然かもしれません。

コメントアウトする手法

改行部分をコメントアウトすることで、単なるコメントとして扱われるのでスペースはできません。

HTML

```
<div class="item">アイテム</div><!--
--><div class="item">アイテム</div><!--
--><div class="item">アイテム</div>
```

省略可能なタグを使った手法

HTMLでは省略可能なタグがあり、たとえば `li` は直後に `li` が続くか親要素にそれ以上内容がなければ省略できます。

HTML

```html
<ul>
  <li>アイテム
  <li>アイテム
  <li>アイテム
</ul>
```

終了タグがないので少し違和感があるかもしれませんが、とてもシンプルな手法です。

「letter-spacing」で詰める手法

`letter-spacing` プロパティは文字の間隔を指定できるプロパティです。この値をマイナスにすることで字詰めできます。

HTML

```html
<div class="list">
  <div class="item">アイテム</div>
  <div class="item">アイテム</div>
  <div class="item">アイテム</div>
</div>
```

CSS

```css
.list {
  letter-spacing: -.4em;
}
.item {
  display: inline-block;
  letter-spacing: normal;
}
```

`-.4em` という部分はどのブラウザでも正しくスペースが消える値です。これ以上、値を大きくしてしまうと右の要素が左の要素に重なり合うようになります。ただし、Android 5以下は例外で、一見するとスペースが消えているように見えて実際には完全に消えているわけではありません。

```css
.item {
  width: 50%;
}
```

　幅 50% を指定し、Android 5で確認してみると1行に2つの要素が並ぶはずが、次のようにカラム落ちしていることがわかります。これはフォントによるスペース幅の微妙な違いによるものです。フォントによってはこの手法が適用されない場合があるので注意が必要です。

「font-size」を0にする手法

　親要素で `font-size` プロパティに `0` を指定し、半角スペースが表示されないようにします。そして、子要素で `font-size` プロパティを元に戻します。

```html
<div class="list">
  <div class="item">アイテム</div>
  <div class="item">アイテム</div>
  <div class="item">アイテム</div>
</div>
```

```css
.list {
  font-size: 0;
}
.item {
  display: inline-block;
  font-size: 16px;
}
```

emや%のような親要素を基準に相対的な値をfont-sizeプロパティに指定したいときには使えないので注意が必要です。基本的にはこの手法を使うことが多いです。

「table」を使った手法

親要素のdisplayプロパティにtableを指定すると簡単にスペースを消すことができます。

```html
<div class="list">
  <div class="item">アイテム</div>
  <div class="item">アイテム</div>
  <div class="item">アイテム</div>
</div>
```

```css
.list {
  display: table;
  width: 100%;
  word-spacing: -1em;
}
.item {
  display: inline-block;
  vertical-align: top;
  word-spacing: normal;
}
```

IE/EdgeとFirefoxは、word-spacingという単語と単語の間の半角スペースの幅を指定できるプロパティに -1em を指定してスペースを消す必要があります。そして、子要素で normal を指定し、元に戻しています。また、display プロパティに table を指定したときは必ず width プロパティで横幅を指定しなければいけません。子要素の量に応じて幅を変えたい場合は display プロパティに inline-table を指定すると inline-block のような感覚で使えます。

Webフォントを使った手法

Webフォントを使って半角スペースを消してしまおうという手法です。Adobeが提供しているAdobe Blankというフォントを使えば、すべての文字の幅を0にすることができます。

- Adobe Blank

    URL https://github.com/adobe-fonts/adobe-blank

上記サイトへアクセスし、緑色の[Clone or download]ボタンをクリックし、表示された[Download ZIP]をクリックするとフォントをダウンロードできます。

HTML

```html
<div class="list">
  <div class="item">アイテム</div>
  <div class="item">アイテム</div>
  <div class="item">アイテム</div>
</div>
```

CSS

```css
@font-face {
  font-family: AdobeBlank;
  src: url(AdobeBlank.eot) format('embedded-opentype'),
       url(AdobeBlank.otf.woff) format('woff'),
       url(AdobeBlank.otf) format('opentype');
}
.list {
  font-family: AdobeBlank;
}
.item {
  display: inline-block;
  font-family: sans-serif;
}
```

Adobe Blankを `@font-face` で定義し、親要素の `font-family` プロパティに指定します。そして、子要素で `font-family` を戻します。これでスペースを消すことはできますが、要素間のスペースはUnicode `U+0020` だけであり、Adobe Blankには不必要なグリフを多く含んでいます。

そこで、fonttoolsのpyfsubsetコマンドを使って `U+0020` だけにサブセットすると、容量を大幅に削減できます。

- fonttools
  URL https://github.com/fonttools/fonttools

Webフォントを使うテクニックはあまり使うことはないかもしれませんが、このようなことも可能であることを示すものとして参考になればいいかと思います。

> **COLUMN 小数値の省略記法**
>
> CSSでは0以下の小数値を指定する場合、先頭の `0` を省略できます。
>
> CSS
>
> ```
> margin: 0.4em;
> margin: .4em;
> ```
>
> 上記は両方とも同じ値を表します。

SECTION 17 ■ インラインブロックの隙間

▼ブラウザ対応表（改行をしない手法）

IE	Edge	Firefox	Chrome	Safari	Opera	iOS Safari	Android
8	12	3	4	3	10.6	3	2.1

▼ブラウザ対応表（改行位置を工夫する手法）

IE	Edge	Firefox	Chrome	Safari	Opera	iOS Safari	Android
8	12	3	4	3	10.6	3	2.1

▼ブラウザ対応表（コメントアウトする手法）

IE	Edge	Firefox	Chrome	Safari	Opera	iOS Safari	Android
8	12	3	4	3	10.6	3	2.1

▼ブラウザ対応表（省略可能なタグを使った手法）

IE	Edge	Firefox	Chrome	Safari	Opera	iOS Safari	Android
8	12	3	4	3	10.6	3	2.1

▼ブラウザ対応表（「letter-spacing」で詰める手法）

IE	Edge	Firefox	Chrome	Safari	Opera	iOS Safari	Android
8	12	4	4	3	15	3	2.1

▼ブラウザ対応表（「font-size」を0にする手法）

IE	Edge	Firefox	Chrome	Safari	Opera	iOS Safari	Android
8	12	4	4	3	15	3	4.4

▼ブラウザ対応表（「table」を使った手法）

IE	Edge	Firefox	Chrome	Safari	Opera	iOS Safari	Android
8	12	4	4	3	15	3	2.1

▼ブラウザ対応表（Webフォントを使った手法）

IE	Edge	Firefox	Chrome	Safari	Opera	iOS Safari	Android
9	12	3.6	4	4	10.6	4.3	2.1

SECTION 18 左右中央揃え

左右中央揃えはレイアウトをする際に最も必要とされるテクニックの1つです。レイアウトを組み立てていくうえで頻繁に使われるテクニックのため、細かい仕組みを理解せずに使っている場合もあるかもしれません。色々な実装の手法がありますが、昔からのものから最新の手法まで見ていきます。

「text-align」と「inline-block」を使った手法

`text-align` プロパティはインライン要素にしか効きません。そのため、ブロックレベル要素を左右中央寄せにする場合には、インライン要素とブロックレベル要素両方の性質を持つ `inline-block` を使います。

HTML

```html
<div class="outer">
  <div class="inner">あのイーハトーヴォの...</div>
</div>
```

CSS

```css
.outer {
  text-align: center;
}
.inner {
  display: inline-block;
}
```

`text-align` プロパティに `center` を指定して、`.inner` を左右中央揃えにします。ブラウザで表示してみると、次のようになります。

あのイーハトーヴォのすきとおった風

```css
.outer {
  text-align: center;
}
.inner {
  display: inline-block;
  max-width: 420px;
  text-align: left;
}
```

　最大幅を指定してテキストが折り返されるようにするには `max-width` プロパティを指定します。また、`text-align` プロパティの値を `left` にしてテキストが左寄せになるように戻しています。

> あのイーハトーヴォのすきとおった風、夏でも底に冷たさをもつ青いそら、うつくしい森で飾られたモリーオ市、郊外のぎらぎらひかる草の波。

「margin」を使った手法

　`margin` プロパティには `auto` という値を指定でき、左右の余白を中央揃えにできます。ただ、1つ注意しなければならないことは、`margin` プロパティの値を `auto` にして中央揃えするときには `width` や `max-width` プロパティなどで横幅を明示的に指定する必要があります。

```html
<div class="inner">あのイーハトーヴォの...</div>
```

```css
.inner {
  margin: auto;
  max-width: 420px;
}
```

　`margin` プロパティは `0 auto` というように上下は `0`、左右は `auto` と記述されることが多いですが、上下に余白を指定しないのであれば単に `auto` とだけ指定します。

この手法は、1つの要素だけで実装できることが良い反面、横幅を指定しなければならないので、テキストの幅ぴったりで左右中央揃えしたいときには使うことができません。

✍ Flexboxと「justify-content」を使った手法

Flexboxを使うと非常に簡単に左右中央揃えできます。

HTML

```
<div class="outer">
  <div>あのイーハトーヴォの...</div>
</div>
```

CSS

```
.outer {
  display: flex;
  justify-content: center;
}
```

`justify-content` プロパティは子要素であるFlexアイテムの位置を指定できます。`center` を指定することで左右中央揃えにしています。

CSS

```
.outer {
  display: flex;
  justify-content: center;
}
.inner {
  flex: 0 1 420px;
}
```

最大幅を指定するときは、`flex-grow` プロパティの値を `0` に、`flex-shrink` プロパティの値を `1` に、`flex-basis` プロパティの値を `420px` にし、それらを `flex` ショートハンドでまとめて記述しています。すると、420px以上には広がらず、420px以下には縮小することができるので、`max-width` プロパティと同じ挙動になります。

> あのイーハトーヴォのすきとおった風、夏でも底に冷たさをもつ青いそら、うつくしい森で飾られたモリーオ市、郊外のぎらぎらひかる草の波。

🎨 Flexboxと「margin」を使った手法

　Flexboxを使ったもう1つの手法として、`margin` プロパティに `auto` を指定するものがあります。

HTML

```html
<div class="outer">
  <div class="inner">あのイーハトーヴォの...</div>
</div>
```

CSS

```css
.outer {
  display: flex;
}
.inner {
  margin-left: auto;
  margin-right: auto;
}
```

　左右の `margin` プロパティに `auto` を指定することで余白が均等になるように自動調整されます。

> 　　　　　　　　　あのイーハトーヴォのすきとおった風

SECTION 18 ● 左右中央揃え

✏️ Gridと「justify-content」を使った手法

Flexboxのときと同様に、Gridでも `justify-content` プロパティが使えます。

HTML

```
<div class="outer">
  <div>あのイーハトーヴォの...</div>
</div>
```

CSS

```
.outer {
  display: grid;
  justify-content: center;
}
```

`justify-content` プロパティの値を `center` にすることで左右中央揃えにできます。

CSS

```
.outer {
  display: grid;
  grid-template-columns: minmax(auto, 420px);
  justify-content: center;
}
```

最大幅を指定するときには `grid-template-columns` プロパティに指定できる `minmax()` 関数を使います。`minmax()` 関数は第1引数に最小幅、第2引数に最大幅を指定できるので、第2引数に `420px` を指定しています。

Gridと「margin」を使った手法

Flexboxのときと同様に、`margin` プロパティに `auto` を指定するテクニックが使えます。

HTML

```html
<div class="outer">
  <div class="inner">あのイーハトーヴォの...</div>
</div>
```

CSS

```css
.outer {
  display: grid;
}
.inner {
  margin-left: auto;
  margin-right: auto;
}
```

左右の `margin` プロパティに `auto` を指定することで余白が均等になるように自動調整されます。

あのイーハトーヴォのすきとおった風

SECTION 18 ● 左右中央揃え

▼ブラウザ対応表(「text-align」と「inline-block」を使った手法)

IE	Edge	Firefox	Chrome	Safari	Opera	iOS Safari	Android
7	12	3	4	3	10.6	3	2.1

▼ブラウザ対応表(「margin」を使った手法)

IE	Edge	Firefox	Chrome	Safari	Opera	iOS Safari	Android
7	12	3	4	3	10.6	3	2.1

▼ブラウザ対応表(Flexboxと「justify-content」を使った手法)

IE	Edge	Firefox	Chrome	Safari	Opera	iOS Safari	Android
10	12	22	4	3	12.1	3	2.1

▼ブラウザ対応表(Flexboxと「margin」を使った手法)

IE	Edge	Firefox	Chrome	Safari	Opera	iOS Safari	Android
10	12	22	20	6	12.1	6	4.4

▼ブラウザ対応表(Gridと「justify-content」を使った手法)

IE	Edge	Firefox	Chrome	Safari	Opera	iOS Safari	Android
-	16	52	57	10.1	44	10.3	57

▼ブラウザ対応表(Gridと「margin」を使った手法)

IE	Edge	Firefox	Chrome	Safari	Opera	iOS Safari	Android
-	16	52	57	10.1	44	10.3	57

SECTION 19 上下中央揃え

　左右中央揃えと同様に上下中央揃えはよく使われるテクニックです。しかし、上下中央揃えを実装するのはそう簡単ではありません。上下中央揃えしたい要素の高さが可変の場合は特に大変です。そのため、これから紹介するテクニックの中にはハックのような手法もあります。それらを含め、昔からのものから最新の手法まで見ていきます。

CSS

```
.outer {
  height: 100px;
}
```

　上下中央揃えをするときには、高さが必要なのであらかじめ高さを `100px` としておきます。

「line-height」を使った手法

　`line-height` と `height` プロパティの値を同じにすることで上下中央揃えにできます。ただし、テキストが2行以上になる場合は使えません。

HTML

```
<div class="outer">
  <div class="inner">あのイーハトーヴォの...</div>
</div>
```

CSS

```
.outer {
  line-height: 100px;
}
```

　`.outer` の高さと同じ値を指定しなければならないため、高さがわかっている場合にのみ使えます。

SECTION 19 ● 上下中央揃え

「table-cell」を使った手法

`table-cell` の場合には `vertical-align` プロパティで垂直方向の位置を指定できます。

HTML

```
<div class="outer">
  <div class="inner">あのイーハトーヴォの...</div>
</div>
```

CSS

```
.outer {
  display: table;
  width: 100%;
}
.inner {
  display: table-cell;
  vertical-align: middle;
}
```

`display` プロパティの値に `table` を指定するときには `width` プロパティで横幅を明示する必要があります。 `.inner` の高さが可変な場合でも使えます。

「inline-block」と疑似要素を使った手法

`vertical-align` プロパティは `inline-block` の場合にも使うことができます。

HTML

```
<div class="outer">
  <div class="inner">あのイーハトーヴォの...</div>
</div>
```

CSS

```
.outer {
  font-size: 0;
}
.outer::before {
  display: inline-block;
  height: 100%;
  content: '';
  vertical-align: middle;
}
.inner {
  display: inline-block;
  vertical-align: middle;
  font-size: 16px;
}
```

パッと見ただけではこのコードがどういう仕組みなのかわからないと思います。ブラウザで表示を確認してみると、次のように上下中央揃えになっていることがわかります。

あのイーハトーヴォのすきとおった風

それぞれのプロパティがどのように作用しているのか、仕組みを詳しく見ていきます。

SECTION 19 ● 上下中央揃え

HTML

```html
<div class="outer">
  <div class="dummy">ダミー</div>
  <div class="inner">あのイーハトーヴォの...</div>
</div>
```

わかりやすいように疑似要素 ::before の代わりに .dummy を記述しておきます。

CSS

```css
.dummy {
  display: inline-block;
}
.inner {
  display: inline-block;
}
```

それぞれ inline-block を指定して横並びにします。

ダミー あのイーハトーヴォのすきとおった風

inline-block を使って横並びにすると、要素間に隙間ができてしまいます。

CSS

```css
.outer {
  font-size: 0;
}
.dummy {
  display: inline-block;
  font-size: 16px;
}
.inner {
  display: inline-block;
  font-size: 16px;
}
```

隙間を消すためには《インラインブロックの隙間》(102ページ)で紹介したように色々な手法がありますが、ここでは `font-size` プロパティを使います。すると、次のように隙間が消えます。

```css
.outer {
  font-size: 0;
}
.dummy {
  display: inline-block;
  height: 100%;
  vertical-align: middle;
  font-size: 16px;
}
.inner {
  display: inline-block;
  vertical-align: middle;
  font-size: 16px;
}
```

そして、`.dummy` の `height` プロパティに `100%` を指定して親要素の高さを継承させます。`vertical-align` プロパティの値に `middle` を指定すると、`inline-block` の要素のうち、最も高い要素に合わせて上下中央揃えになります。

親要素の高さを継承した `.dummy` の高さに合わせて、`.inner` が上下中央揃えになっていることがわかります。

SECTION 19 ● 上下中央揃え

HTML

```
<div class="outer">
  <div class="inner">あのイーハトーヴォの...</div>
</div>
```

CSS

```
.outer {
  font-size: 0;
}
.outer::before {
  display: inline-block;
  height: 100%;
  content: '';
  vertical-align: middle;
}
.inner {
  display: inline-block;
  vertical-align: middle;
  font-size: 16px;
}
```

最後に `.dummy` を削除し、代わりに疑似要素 `::before` を使って表現します。かなりハック性の高いテクニックですが、高さが可変の場合にも対応できるので便利です。

「position」と「transform」を使った手法

`position` プロパティで絶対配置する手法で、高さが可変の場合にも対応できます。

HTML

```
<div class="outer">
  <div class="inner">あのイーハトーヴォの...</div>
</div>
```

CSS

```
.outer {
  position: relative;
```

```
}
.inner {
  position: absolute;
  top: 50%;
  left: 0;
  transform: translateY(-50%);
}
```

まず、top プロパティに 50% を指定し、上からちょうど半分の位置に配置します。ここで重要なのが transform プロパティです。transform プロパティに指定できる translateY() 関数には垂直方向の移動量を指定でき、% 単位で指定すると自身の高さを基準として計算される性質があります。そのため、translateY(-50%) と指定すると、自身の高さの半分だけ上に移動させることができます。すると、ちょうど上下中央の位置に配置されます。

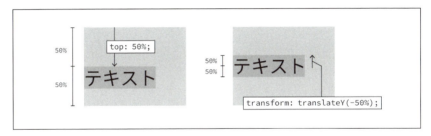

Flexboxと「align-items」を使った手法

Flexboxを使うと簡単に上下中央揃えにできます。

```html
<div class="outer">
  <div class="inner">あのイーハトーヴォの...</div>
</div>
```

```css
.outer {
  display: flex;
  align-items: center;
}
```

Flexboxと一緒に使える `align-items` プロパティの値に `center` を指定します。

あのイーハトーヴォのすきとおった風

🖌 Flexboxと「margin」を使った手法

Flexboxを使ったもう1つの手法として、`margin` プロパティに `auto` を指定するものがあります。

HTML

```
<div class="outer">
  <div class="inner">あのイーハトーヴォの...</div>
</div>
```

CSS

```
.outer {
  display: flex;
}
.inner {
  margin-top: auto;
  margin-bottom: auto;
}
```

左右の `margin` プロパティに `auto` を指定することで余白が均等になるように自動調整されます。

あのイーハトーヴォのすきとおった風

Gridと「align-items」を使った手法

Flexboxと同様にGridでも実装できます。

HTML

```
<div class="outer">
  <div class="inner">あのイーハトーヴォの...</div>
</div>
```

CSS

```
.outer {
  display: grid;
  align-items: center;
}
```

`align-items` プロパティの値に `center` を指定します。

Gridと「margin」を使った手法

Flexboxのときと同様に、`margin` プロパティに `auto` を指定するテクニックが使えます。

HTML

```
<div class="outer">
  <div class="inner">あのイーハトーヴォの...</div>
</div>
```

CSS

```
.outer {
  display: grid;
}
.inner {
  margin-top: auto;
  margin-bottom: auto;
}
```

SECTION 19 ● 上下中央揃え

　左右の `margin` プロパティに `auto` を指定することで余白が均等になるように自動調整されます。

▼ブラウザ対応表(「line-height」を使った手法)

IE	Edge	Firefox	Chrome	Safari	Opera	iOS Safari	Android
6	12	3	4	3	10.6	3	2.1

▼ブラウザ対応表(「table-cell」を使った手法)

IE	Edge	Firefox	Chrome	Safari	Opera	iOS Safari	Android
8	12	3	4	3	10.6	3	2.1

▼ブラウザ対応表(「inline-block」と疑似要素を使った手法)

IE	Edge	Firefox	Chrome	Safari	Opera	iOS Safari	Android
9	12	3	4	3	10.6	3	2.1

▼ブラウザ対応表(「position」と「transform」を使った手法)

IE	Edge	Firefox	Chrome	Safari	Opera	iOS Safari	Android
9	12	3.6	4	3	10.6	3	2.1

▼ブラウザ対応表(Flexboxと「align-items」を使った手法)

IE	Edge	Firefox	Chrome	Safari	Opera	iOS Safari	Android
10	12	3	4	3	12.1	3	2.1

▼ブラウザ対応表(Flexboxと「margin」を使った手法)

IE	Edge	Firefox	Chrome	Safari	Opera	iOS Safari	Android
10	12	22	20	6	12.1	6	4.4

▼ブラウザ対応表(Gridと「align-items」を使った手法)

IE	Edge	Firefox	Chrome	Safari	Opera	iOS Safari	Android
-	16	52	57	10.1	44	10.3	57

▼ブラウザ対応表(Gridと「margin」を使った手法)

IE	Edge	Firefox	Chrome	Safari	Opera	iOS Safari	Android
-	16	52	57	10.1	44	10.3	57

SECTION 20 上下左右中央揃え

　左右中央揃えと上下中央揃えを合わせた上下左右中央揃えもよく使われるテクニックの1つです。いろいろな手法がありますが、中央揃えしたい要素の縦幅や横幅が可変の場合に絞って紹介します。可変であれば、どのような場合でも使うことができます。

CSS

```
.outer {
  height: 100px;
}
```

　上下中央揃えをするときには、高さが必要なのであらかじめ高さを100pxとしておきます。

「table-cell」を使った手法

　`display` プロパティの値に `table` を指定するときには `width` プロパティで横幅を明示する必要があります。

HTML

```
<div class="outer">
  <div class="inner">あのイーハトーヴォの...</div>
</div>
```

CSS

```
.outer {
  display: table;
  width: 100%;
}
.inner {
  display: table-cell;
  text-align: center;
  vertical-align: middle;
}
```

`text-align` プロパティで左右中央揃えにして、`vertical-align` プロパティで上下中央揃えにしています。

「position」と「transform」を使った手法

`position` プロパティで上から `50%`、左から `50%` の位置に配置し、`transform` プロパティの値に指定できる `translate()` 関数で自身の幅の半分だけ戻しています。

HTML

```
<div class="outer">
  <div class="inner">あのイーハトーヴォの...</div>
</div>
```

CSS

```
.outer {
  position: relative;
}
.inner {
  position: absolute;
  top: 50%;
  left: 50%;
  transform: translate(-50%, -50%);
}
```

ただし、このままだと最大幅が `.outer` の半分になります。`50%` より大きい値を横幅に指定するときは `width` プロパティで明示する必要があります。

🖋 Flexboxを使った手法

Flexboxと一緒に使える `justify-content` と `align-items` プロパティを使います。

HTML

```
<div class="outer">
  <div class="inner">あのイーハトーヴォの...</div>
</div>
```

CSS

```
.outer {
  display: flex;
  justify-content: center;
  align-items: center;
}
```

`justify-content` プロパティは左右中央揃え、`align-items` プロパティは上下中央揃えにできます。

```
              あのイーハトーヴォのすきとおった風
```

🖋 Flexboxと「margin」を使った手法

Flexboxを使ったもう1つの手法として、`margin` プロパティに `auto` を指定するものがあります。

HTML

```
<div class="outer">
  <div class="inner">あのイーハトーヴォのすきとおった風</div>
</div>
```

CSS

```
.outer {
  display: flex;
}
```

```
.inner {
  margin: auto;
}
```

　marginプロパティにautoを指定することで余白が均等になるように自動調整されます。

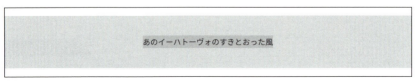

Gridを使った手法

Flexboxと同様にGridでも実装できます。

HTML

```
<div class="outer">
  <div class="inner">あのイーハトーヴォの...</div>
</div>
```

CSS

```
.outer {
  display: grid;
  justify-content: center;
  align-items: center;
}
```

　justify-contentプロパティは左右中央揃え、align-itemsプロパティは上下中央揃えにできます。

Gridと「margin」を使った手法

Flexboxのときと同様に、`margin` プロパティに `auto` を指定するテクニックが使えます。

HTML

```
<div class="outer">
  <div class="inner">あのイーハトーヴォの...</div>
</div>
```

CSS

```
.outer {
  display: grid;
}
.inner {
  margin: auto;
}
```

`margin` プロパティに `auto` を指定することで余白が均等になるように自動調整されます。

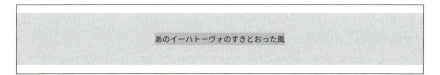

COLUMN　それぞれの手法の違い

　基本的にはどの手法を使っても構いません。各手法のブラウザ対応状況を確認し、どのブラウザに対応するかによって使い分けます。最近ではほとんどのブラウザが対応していて、短いコードで記述できるFlexboxを使った手法が一般的です。また、各手法の違いとして `.inner` 内のコンテンツが多くなり、`.inner` の高さが `.outer` の高さよりも大きくなった場合があります。

◆コンテンツ量に応じて伸縮
　`table-cell` を使う手法では `.inner` のコンテンツ量によって `.outer` の高さが伸びます。

◆はみ出して中央揃え
　`position` と `transform`、Flexboxを使う手法では `.inner` が `.outer` の高さを飛び出して中央揃えになります。

◆はみ出して上揃え
　残りのFlexboxと `margin`、Grid、Gridと `margin` を使う手法では `.inner` が `.outer` の高さを飛び出して上揃えになります。

SECTION 20 ■ 上下左右中央揃え

3
レイアウト

▼ブラウザ対応表(「table-cell」を使った手法)

IE	Edge	Firefox	Chrome	Safari	Opera	iOS Safari	Android
8	12	3	4	3	10.6	3	2.1

▼ブラウザ対応表(「position」と「transform」を使った手法)

IE	Edge	Firefox	Chrome	Safari	Opera	iOS Safari	Android
9	12	3.6	4	3	10.6	3	2.1

▼ブラウザ対応表(Flexboxを使った手法)

IE	Edge	Firefox	Chrome	Safari	Opera	iOS Safari	Android
10	12	22	4	3	12.1	3	2.1

▼ブラウザ対応表(Flexboxと「margin」を使った手法)

IE	Edge	Firefox	Chrome	Safari	Opera	iOS Safari	Android
10	12	22	20	6	12.1	6	4.4

▼ブラウザ対応表(Gridを使った手法)

IE	Edge	Firefox	Chrome	Safari	Opera	iOS Safari	Android
-	16	52	57	10.1	44	10.3	57

▼ブラウザ対応表(Gridと「margin」を使った手法)

IE	Edge	Firefox	Chrome	Safari	Opera	iOS Safari	Android
-	16	52	57	10.1	44	10.3	57

SECTION 21 Flexboxによるグリッドシステム

CSSフレームワークを使う理由の1つとして、グリッドシステムがあります。多くのCSSフレームワークでは12分割のグリッドで作成されています。これは、12には1、2、3、4、6、12というように約数がたくさんあり、PCでは6カラム、タブレットでは3カラム、スマートフォンでは2カラムと対応しやすいからです。グリッドシステムを実装するには `float` プロパティやGridを使う手法がありますが、ここではブラウザ対応も多く、機能が豊富なFlexboxを使います。

等分のカラム

Flexboxでは具体的な横幅を指定しなくても、子要素を同じ割合で分割できます。

HTML

```
<div class="grid">
  <div class="column">3分の1</div>
  <div class="column">3分の1</div>
  <div class="column">3分の1</div>
</div>
```

CSS

```
.grid {
  display: flex;
}
.column {
  flex: 1;
  min-width: 0;
  word-wrap: break-word;
}
```

`flex-grow` プロパティに `1` を指定すると子要素を等分できます。ここでは、ショートハンドである `flex` プロパティを使って記述しています。`min-width` と `word-wrap` プロパティは要素内で文字が正しく折り返されるようにするための指定ですが、詳しくは後述します。

3分の1	3分の1	3分の1

複数行のグリッド

等分のカラムでは1行しか対応しておらず、たとえば2行3列のグリッドを作成したいときには使えません。

HTML

```
<div class="grid">
  <div class="column">3分の1</div>
  <div class="column">3分の1</div>
  <div class="column">3分の1</div>
  <div class="column">3分の1</div>
  <div class="column">3分の1</div>
  <div class="column">3分の1</div>
</div>
```

CSS

```
.grid {
  display: flex;
  flex-wrap: wrap;
}
.column {
  box-sizing: border-box;
  flex: 0 0 33.33333%;
  max-width: 33.33333%;
  min-width: 0;
  word-wrap: break-word;
}
```

`flex-wrap` プロパティに `wrap` を指定すると、1行に収まりきらないときに折り返されるようになります。また、3分割するので `.column` で `flex-basis` プロパティに `33.33333%` を指定しています。小数第5位まで記述することで、できるだけ近似されるようにします。

`flex-basis` プロパティで指定した値より大きくなったり小さくなったりしては困るので、`flex-grow` と `flex-shrink` プロパティには `0` を指定します。 `box-sizing` プロパティに `border-box` を指定することで、`border` まで横幅に含むことができます。

そして、IEでは `flex-basis` プロパティに `box-sizing` プロパティが効かないバグがあるため、`max-width` プロパティに `flex-basis` プロパティと同じ値を指定して防いでいます。

3分の1	3分の1	3分の1
3分の1	3分の1	3分の1

スマートフォンではカラム数を変えたいときには、メディアクエリを使って、`flex` と `max-width` プロパティの値を変更すればよいです。

CSS

```css
.grid {
  display: flex;
  flex-wrap: wrap;
}
.column {
  box-sizing: border-box;
  flex: 0 0 50%;
  max-width: 50%;
  min-width: 0;
  word-wrap: break-word;
}
@media (min-width: 768px) {
  .column {
    flex: 0 0 33.333333%;
    max-width: 33.33333%;
  }
}
```

このようにすると、画面幅が768px未満のときには2カラムで、画面幅が768px以上のときは3カラムで表示されます。

カラムの間隔

実際にWebサイトを制作するときには、カラムとカラムの間にスペースを入れることが多いです。

HTML

```html
<div class="grid">
  <div class="column">3分の1</div>
  <div class="column">3分の1</div>
  <div class="column">3分の1</div>
  <div class="column">3分の1</div>
  <div class="column">3分の1</div>
  <div class="column">3分の1</div>
</div>
```

CSS

```css
.grid {
  display: flex;
  flex-wrap: wrap;
  margin: -25px 0 0 -20px;
}
.column {
  box-sizing: border-box;
  flex: 0 0 33.33333%;
  padding: 25px 0 0 20px;
  max-width: 33.33333%;
  min-width: 0;
  word-wrap: break-word;
}
```

`.grid` で `margin-top` プロパティに `-25px` 、`margin-left` プロパティに `-20px` を指定して間隔をあけたい分だけネガティブマージンをとります。そして、`.column` で `padding-top` と `padding-left` プロパティにネガティブマージンと同じ値を指定すると、カラムとカラムの間に上下は 25px で左右は 20px の間隔があくようになります。

.column でも padding ではなく margin プロパティで間隔を指定すればよいと思うかもしれませんが、box-sizing プロパティに border-box を指定して width に padding の範囲まで含まれるようにしているため、margin プロパティが使えません。 margin で表現したい場合は、width プロパティに margin の分を引いた値を指定する必要があり、複雑になってしまいます。

カラムの順番

カラムの順番を入れ替えるには order プロパティを使います。ただし、order プロパティを使うと、DOM上の順番と見た目上の順番が一致しなくなります。スクリーンリーダー利用者は正しい順序でアクセスできなくなってしまうので、順番を入れ替えても影響しない場合に使うなど、使用する際は十分に注意する必要があります。

HTML

```
<div class="grid">
  <div class="column">1</div>
  <div class="column">2</div>
  <div class="column">3</div>
  <div class="column">4</div>
  <div class="column">5</div>
  <div class="column">6</div>
</div>
```

CSS

```
.column:nth-child(3) {
  order: -1;
}
.column:nth-child(5) {
  order: 2;
}
.column:nth-child(6) {
```

```
  order: 1;
}
```

　`order` プロパティは初期値が `0` で、何も指定されていない場合は `0` となります。3番目の `.column` に `-1` を指定すると他はすべて `0` とみなされるため、順番が一番前になります。5番目の `.column` に `2` 、6番目の `.column` に `1` を指定することで、5番目と6番目を入れ替えることができ、他は `0` なのでそれより後ろに配置されます。

SECTION 21 ● Flexboxによるグリッドシステム

> **COLUMN** 横幅が可変の場合
>
> `display` プロパティに `flex` を指定した要素の子要素であるFlexアイテムで、`flex` プロパティに `1` やパーセント値などの可変値を指定したときには注意が必要です。長い英単語や連続するアルファベットがあった場合、次のようにカラムに収まりきらずにはみ出してしまいます。

> これは、Flexアイテムの `min-width` プロパティの初期値が `auto` になっているためです。
>
> **CSS**
>
> ```css
> .column {
>   min-width: 0;
>   word-wrap: break-word;
> }
> ```
>
> カラムが可変幅のときには、必ず `min-width` プロパティに `0` を指定して、`word-wrap` プロパティに `break-word` を指定して文字が折り返されるようにする必要があります。
>
> ちなみに、この性質は `display` プロパティに `grid` を指定した要素の子要素であるGridアイテムにおいても同じです。

▼ブラウザ対応表

IE	Edge	Firefox	Chrome	Safari	Opera	iOS Safari	Android
10	12	28	22	6.1	12.1	6.1	4.4

SECTION 22 段組

1行の文字数が多くなると可読性を損なうことがあります。そのような場合には、段組で2列以上のカラムに分けることで対処することができます。また、可読性だけでなくデザイン面でも美しくすることができます。CSSでは `columns` プロパティを使って、簡単に段組を実装できます。

カラム数とカラム幅

`column-count` プロパティはいくつのカラムで表示するのかを指定でき、`column-width` プロパティはカラムの幅を指定できます。`column-count` プロパティを記述しないか、`column-count` プロパティの値に `auto` を指定すると、`column-width` プロパティに基づいて幅が決定されます。

同様にして、`column-width` プロパティを記述しないか、`column-width` プロパティの値に `auto` を指定すると、`column-count` プロパティに基づいて幅が決定されます。

HTML

```
<div class="text">あのイーハトーヴォの...</div>
```

CSS

```
.text {
  columns: 2;
}
```

ここでは `column-count` プロパティと `column-width` プロパティを順不同で指定できるショートハンドの `columns` プロパティを使っています。`columns` プロパティの値に `2` を指定すると `column-count` が指定されたと解釈され、次のように2分割されます。

> あのイーハトーヴォのすきとおった風、夏でも底に冷たさをもつ青いそら、うつくしい森で飾られたモリーオ市、郊外のぎらぎらひかる草の波。またそのなかでいっしょになったたくさんのひとたち、ファゼーロとロザーロ、羊飼のミーロや、顔の赤いこどもたち、地主のテーモ、山猫博士のボーガント・デストゥパーゴなど、いまこの暗い巨きな石の建物のなかで考えていると、みんなむかし風のなつかしい青い幻燈のように思われます。

CSS

```
.text {
  columns: 140px;
}
```

 `columns` プロパティに `140px` と指定すると、`column-width` が指定されたと解釈されます。 `column-width` プロパティの指定は厳密にその値になるわけではなく、最小限その幅になることに注意が必要です。次のように各カラム幅は自動調整され、各カラム幅は `176px` になっています。

> あのイーハトーヴォのすきとおった風、夏でも底に冷たさをもつ青いそら、うつくしい森で飾られたモリーオ市、郊外のぎらぎらひかる草の波。またそのなかでいっしょになったたくさんのひとたち、ファゼーロとロザーロ、羊飼のミーロや、顔の赤いこどもたち、地主のテーモ、山猫博士のボーガント・デストゥパーゴなど、いまこの暗い巨きな石の建物のなかで考えていると、みんなむかし風のなつかしい青い幻燈のように思われます。

 `column-count` プロパティと `column-width` プロパティは両方を指定した方が色々な画面幅で見やすい段組になります。

CSS

```
.text {
  columns: 2 140px;
}
```

 値が両方指定された場合は、最大カラム数が `column-count` プロパティに指定された値である 2 となり、カラムが最小限 `column-width` プロパティに指定された `140px` の幅を保つようになります。

段組の装飾

`column-rule` プロパティを使うとカラム間にボーダーを引くことができます。

CSS

```css
.text {
  columns: 2;
  column-rule: 1px solid #333;
}
```

構文は `border` プロパティと同じで、次のようにボーダーを引くことができます。

> あのイーハトーヴォのすきとおった風、夏でも底に冷たさをもつ青いそら、うつくしい森で飾られたモリーオ市、郊外のぎらぎらひかる草の波。またそのなかでいっしょになったたくさんのひとたち、ファゼーロとロザーロ、羊飼のミーロや、顔の赤いこどもたち、地主のテーモ、山猫博士のボーガント・デストゥパーゴなど、いまこの暗い巨きな石の建物のなかで考えていると、みんなむかし風のなつかしい青い幻燈のように思われます。

また、`column-gap` プロパティを使うことでカラム間の幅を調整することができます。

CSS

```css
.text {
  columns: 2;
  column-rule: 1px solid #333;
  column-gap: 40px;
}
```

初期値は `1em` で、`40px` と大きめの値にすると次のようになります。

> あのイーハトーヴォのすきとおった風、夏でも底に冷たさをもつ青いそら、うつくしい森で飾られたモリーオ市、郊外のぎらぎらひかる草の波。またそのなかでいっしょになったたくさんのひとたち、ファゼーロとロザーロ、羊飼のミーロや、顔の赤いこどもたち、地主のテーモ、山猫博士のボーガント・デストゥパーゴなど、いまこの暗い巨きな石の建物のなかで考えていると、みんなむかし風のなつかしい青い幻燈のように思われます。

しかし、各カラムの文字が不揃いなので、両端揃えにすると見栄えがよくなります。

```css
.text {
  columns: 2;
  column-rule: 1px solid #333;
  column-gap: 40px;
  text-align: justify;
  text-justify: inter-ideograph;
}
```

`text-align` プロパティに `justify` を指定すると文字を両端揃えにできます。また、IE用に `text-justify` プロパティに `inter-ideograph` を指定する必要があります。すると、次のようにカラム幅にぴったり文字が配置されるようになります。

> あのイーハトーヴォのすきとおった風、夏でも底に冷たさをもつ青いそら、うつくしい森で飾られたモリーオ市、郊外のぎらぎらひかる草の波。またそのなかでいっしょになったたくさんのひとたち、ファゼーロとロザーロ、羊飼のミーロや、顔の
>
> 赤いこどもたち、地主のテーモ、山猫博士のボーガント・デストゥパーゴなど、いまこの暗い巨きな石の建物のなかで考えていると、みんなむかし風のなつかしい青い幻燈のように思われます。

カラムをまたぐ要素

見出しのようなカラムをまたぐ要素を配置したいときには `column-span` プロパティを使うことができます。

```html
<div class="text">
  あのイーハトーヴォの...
  <h2>「ポラーノの広場 - 宮沢賢治」</h2>
  またそのなかで...
</div>
```

```css
h2 {
  column-span: all;
}
```

column-span プロパティの値に all を指定すると、次のようにすべてのカラムをまたいで配置されます。

> あのイーハトーヴォのすきとおった風、夏でも底に冷たさをもつ青いそら、うつくしい森で飾られたモリーオ市、郊外のぎらぎらひかる草の波。
>
> **「ポラーノの広場 - 宮沢賢治」**
>
> またそのなかでいっしょになったたくさんのひとたち、ファゼーロとロザーロ、羊飼いのミーロや、顔の赤いこどもたち、地主のテーモ、山猫博士のボーガント・デストゥパーゴなど、いまこの暗い巨きな石の建物のなかで考えていると、みんなむかし風のなつかしい青い幻燈のように思われます。

区切り位置の指定

`break-before` プロパティは指定要素の直前で、`break-after` プロパティは指定要素の直後で、`break-inside` プロパティは指定要素の内部でどのようにカラムを区切るかを指定することができます。段組レイアウトで使えるのは次の2つの値です。

値	説明
column	カラム区切りを行う
avoid-column	カラム区切りをしない

たとえば、直前でカラム区切りを行うようにするには次のようにします。

HTML

```
<div class="text">
  あのイーハトーヴォのすきとおった風、
  <div class="break">夏でも底に冷たさを...</div>
</div>
```

CSS

```
.break {
  break-before: column;
}
```

`.break` で `break-before` プロパティに `column` を指定すると、次のように `.break` の直前でカラム区切りが行われます。

SECTION 22 ● 段組

> あのイーハトーヴォのすきとおった風、
>
> 夏でも底に冷たさをもつ青いそら、うつくしい森で飾られたモリーオ市、郊外のぎらぎらひかる草の波。またそのなかでいっしょになったたくさんのひとたち

▼ブラウザ対応表（columns）

IE	Edge	Firefox	Chrome	Safari	Opera	iOS Safari	Android
10	12	9	4	3	11.1	3.2	2.1

▼ブラウザ対応表（column-span）

IE	Edge	Firefox	Chrome	Safari	Opera	iOS Safari	Android
10	12	-	4	5.1	11.1	5	4

▼ブラウザ対応表（break-*）

IE	Edge	Firefox	Chrome	Safari	Opera	iOS Safari	Android
10	12	-	50	10	37	10.2	50

SECTION 23 可変幅と固定幅

レスポンシブデザインでは、画面幅によって伸縮する可変幅をよく使います。そこで、サイドバーは固定幅でメインは可変幅にするようなレイアウトを実装してみます。このテクニックの実装には色々な手法があるので、順に紹介します。

「float」とネガティブマージンを使った手法

`float` プロパティでサイドバーとメインを横並びにして、ネガティブマージンを使ってサイドバーの固定幅を確保する手法です。

HTML

```html
<div class="container">
  <div class="side">あのイーハトーヴォの...</div>
  <div class="main">またそのなかで...</div>
</div>
```

CSS

```css
.container {
  word-wrap: break-word;
}
.container::after {
  display: block;
  content: '';
  clear: both;
}
.side {
  position: relative;
  float: left;
  width: 250px;
}
.main {
  box-sizing: border-box;
  float: right;
  margin-left: -250px;
  padding-left: 250px;
  width: 100%;
}
```

floatプロパティを使うので、.containerの疑似要素 ::after で float の解除をします。そして、サイドバーは float プロパティに left を指定して左に、メインは right を指定して右に回り込むようにします。サイドバーは固定幅なので width プロパティに 250px と指定しておきます。

メインは margin-left プロパティでサイドバーの幅分ネガティブマージンをとり、padding-left プロパティでネガティブマージンを埋めるようにします。 box-sizing プロパティは padding を使うときには必ず指定しないと、横幅をはみ出してしまうので注意が必要です。ブラウザで表示を確認すると、次のようにサイドバーは固定幅でメインは可変幅のレイアウトを実装できます。

また、.side で position プロパティに relative を指定しているのは、.side より後に登場する .main の重なり順が上になってしまい、サイドバーのコンテンツをクリックできなくなるためです。

「float」と「calc()」を使った手法

float プロパティでサイドバーとメインを横並びにして、calc() 関数を使ってサイドバーの幅だけ引いた値をメインに指定する手法です。

HTML

```
<div class="container">
  <div class="side">あのイーハトーヴォの...</div>
  <div class="main">またそのなかで...</div>
</div>
```

```css
.container {
  word-wrap: break-word;
}
.container::after {
  display: block;
  content: '';
  clear: both;
}
.side {
  position: relative;
  float: left;
  width: 250px;
}
.main {
  float: right;
  width: calc(100% - 250px);
}
```

　ネガティブマージンを使った手法とほとんど変わりません。`.main` で指定していた `margin-left` や `padding-left` プロパティがなくなり、代わりに `width` プロパティに `calc(100% - 250px)` と指定しています。

「table」を使った手法

　`display` プロパティに指定できる `table` を使った手法です。

```html
<div class="container">
  <div class="side">あのイーハトーヴォの...</div>
  <div class="main">またそのなかで...</div>
</div>
```

```css
.container {
  display: table;
  table-layout: fixed;
  width: 100%;
  word-wrap: break-word;
}
```

```css
.side, .main {
  display: table-cell;
}
.side {
  width: 250px;
}
```

　.container で display プロパティに table を指定し、子要素の .side と .main に table-cell を指定することで横並びにできます。.side で width プロパティに 250px を指定して固定幅にし、さらに .container で table-layout プロパティに fixed を指定することにより、width プロパティの指定が必ず有効になるようにします。table-layout プロパティを指定しないと、セル内の文字量に応じてセルの横幅が自動調整されてしまうので注意が必要です。この手法では次のようにサイドバーとメインの高さが揃うようになります。

| あのイーハトーヴォのすきとおった風、夏でも底に冷たさをもつ青いそら、うつくしい森で飾られたモリーオ市、郊外のぎらぎらひかる草の波。 | またそのなかでいっしょになったたくさんのひとたち、ファゼーロとロザーロ、羊飼のミーロや、顔の赤いこどもたち、地主のテーモ、山猫博士のボーガント・デストゥパーゴなど、いまこの暗い巨きな石の建物のなかで考えていると、みんなむかし風のなつかしい青い幻燈のように思われます。では、わたくしはいつかの小さなみだしをつけながら、しずかにあの年のイーハトーヴォの五月から十月までを書きつけましょう。 |

Flexboxを使った手法
簡単に横並びにできるFlexboxを使った手法です。

HTML

```html
<div class="container">
  <div class="side">あのイーハトーヴォの...</div>
  <div class="main">またそのなかで...</div>
</div>
```

```css
.container {
  display: flex;
  word-wrap: break-word;
}
.side {
  width: 250px;
}
.main {
  flex: 1;
  min-width: 0;
}
```

.container で display プロパティに flex を指定することで、子要素が横並びになります。.side で width プロパティに固定幅である 250px を指定し、.main では可変幅にするために flex プロパティに 1 を指定します。

また、Flexboxを使った手法ではサイドバーとメインの高さが揃うようになっています。

```css
.container {
  align-items: flex-start;
}
```

align-items プロパティに flex-start を指定すると、次のように高さが揃わなくなります。

SECTION 23 ● 可変幅と固定幅

> あのイーハトーヴォのすきとお
> った風、夏でも底に冷たさをも
> つ青いそら、うつくしい森で飾
> られたモーリオ市、郊外のぎら
> ぎらひかる草の波。
>
> またそのなかでいっしょになったたくさんのひとたち、ファ
> ゼーロとロザーロ、羊飼のミーロや、顔の赤いこどもたち、
> 地主のテーモ、山猫博士のボーガント・デストゥパーゴな
> ど、いまこの暗い巨きな石の建物のなかで考えていると、み
> んなむかし風のなつかしい青い幻燈のように思われます。で
> は、わたくしはいつかの小さなみだしをつけながら、しずか
> にあの年のイーハトーヴォの五月から十月までを書きつけま
> しょう。

Gridを使った手法

GridをIEにも対応する場合は、`grid-row` や `grid-column` プロパティでセルの位置を明示する必要があります。

```html
<div class="container">
  <div class="side">あのイーハトーヴォの...</div>
  <div class="main">またそのなかで...</div>
</div>
```

```css
.container {
  display: grid;
  grid-template-columns: 250px 1fr;
  word-wrap: break-word;
}
.side {
  grid-row: 1;
  grid-column: 1;
}
.main {
  grid-row: 1;
  grid-column: 2;
  min-width: 0;
}
```

.container で display プロパティの値に grid を指定し、grid-template-columns プロパティの値に 250px 1fr と指定することで、サイドバーは固定幅である 250px、メインは可変幅となります。Flexboxを使った手法と同様に可変幅のときには min-width プロパティの値に 0 を指定しておきます。すると、次のようになります。

> あのイーハトーヴォのすきとおった風、夏でも底に冷たさをもつ青いそら、うつくしい森で飾られたモリーオ市、郊外のぎらぎらひかる草の波。
>
> またそのなかでいっしょになったたくさんのひとたち、ファゼーロとロザーロ、羊飼のミーロや、顔の赤いこどもたち、地主のテーモ、山猫博士のボーガント・デストゥパーゴなど、いまこの暗い巨きな石の建物のなかで考えていると、みんなむかし風のなつかしい青い幻燈のように思われます。では、わたくしはいつかの小さなみだしをつけながら、しずかにあの年のイーハトーヴォの五月から十月までを書きつけましょう。

COLUMN 「float」と「display」の関係

float プロパティの値が none でない場合、display プロパティの値を指定しても、次の表に従って暗黙的に変換されます。

指定値	算出値
inline-table	table
table-*、inline、inline-*	block

たとえば、float プロパティに left を指定し、display プロパティに inline-block を指定した場合、display プロパティの値は block に変換されます。この性質は、position プロパティに absolute または fixed を指定した場合も同じです。inline-* と float を共存させることはできないため、inline-* 値を指定したい場合には子要素を作り、その要素に対して inline-* 値を指定する必要があります。

SECTION 23 ● 可変幅と固定幅

▼ブラウザ対応表(「float」とネガティブマージンを使った手法)

IE	Edge	Firefox	Chrome	Safari	Opera	iOS Safari	Android
9	12	29	15	5.1	10.6	5.1	4

▼ブラウザ対応表(「float」と「calc()」を使った手法)

IE	Edge	Firefox	Chrome	Safari	Opera	iOS Safari	Android
9	12	29	19	6	15	6	4.4

▼ブラウザ対応表(「table」を使った手法)

IE	Edge	Firefox	Chrome	Safari	Opera	iOS Safari	Android
8	12	3	4	4	10.1	3.2	2.1

▼ブラウザ対応表(Flexboxを使った手法)

IE	Edge	Firefox	Chrome	Safari	Opera	iOS Safari	Android
10	12	3.6	4	3.1	12.1	3.2	2.1

▼ブラウザ対応表(Gridを使った手法)

IE	Edge	Firefox	Chrome	Safari	Opera	iOS Safari	Android
10	12	52	57	10.1	44	10.3	57

SECTION 24 アスペクト比の固定

　レスポンシブデザインをする上で欠かせないのがアスペクト比の固定です。`img` 要素なら `width` プロパティに `100%` を指定すれば画面幅に応じてアスペクト比を維持したまま拡大縮小することができます。しかし、背景画像やYoutube動画の埋め込みではそうはいきません。CSSの仕様をうまく使うことでアスペクト比の固定を実装できます。

「padding」の性質を利用する

　`.outer` 内にアスペクト比を固定したい要素を配置します。CSSで指定しやすいように `.inner` クラスを指定しておきます。

HTML

```html
<div class="outer">
  <div class="inner">16:9</div>
</div>
```

CSS

```css
.outer {
  position: relative;
  padding-top: 56.25%;
}
.inner {
  position: absolute;
  top: 0;
  left: 0;
  width: 100%;
  height: 100%;
}
```

SECTION 24 ● アスペクト比の固定

16 : 9の比率にするときは、.outer の padding-top プロパティに 56.25% を指定します。56.25% は横幅に対する縦幅の比率を表したもので、$9 \div 16 \times 100$で求めることができます。垂直方向の padding プロパティの値は親要素の横幅を基準として計算されるので、横幅に対する縦幅の比率を padding-top プロパティに指定すれば16 : 9の比率を保つ要素を作ることができるのです。calc() 関数を使うと計算せずにそのまま calc(9 / 16 * 100%) と指定することもできます。これで16 : 9の領域を確保できたので、.inner を絶対配置して .outer いっぱいになるようにしています。

ここで、.outer に width や max-width プロパティで横幅を指定する場合は注意が必要です。

CSS

```css
.outer {
  position: relative;
  padding-top: 56.25%;
  max-width: 400px;
}
```

前述した通り、垂直方向の padding プロパティは親要素の横幅を基準に計算されます。そのため、.outer で 400px と指定しても基準にはなりません。

HTML

```html
<div class="container">
  <div class="outer">
    <div class="inner">16:9</div>
  </div>
</div>
```

CSS

```css
.container {
  max-width: 400px;
}
```

親要素であればよいので .container で囲み、そこに横幅を指定します。

疑似要素で要素を削減する

.outer に横幅を指定したい場合、.container で囲むのは少し無駄です。

HTML

```html
<div class="outer">
  <div class="inner">16:9</div>
</div>
```

CSS

```css
.outer {
  position: relative;
}
.outer::before {
  display: block;
  padding-top: 56.25%;
  content: '';
}
.inner {
  position: absolute;
  top: 0;
  left: 0;
  width: 100%;
  height: 100%;
}
```

疑似要素 ::before を使って padding-top プロパティで比率を指定すれば、.outer が親要素となるので新たに .container 囲まなくても横幅を指定することができます。

文字量が多いときのふるまい

`.inner` 内の文字量が多くなった場合、高さを飛び出してしまい、後続する要素に重なってしまいます。

> あのイーハトーヴォのすきとおった風、夏でも底に冷たさをもつ青いそら、うつくしい森で飾られたモーリオ市、郊外のぎらぎらひかる草の波。

これを防ぐには、`overflow` プロパティに `auto` を指定してスクロールさせて表示するようにしたり、`hidden` を指定してはみ出した部分を非表示にするなどの手法がありますが、あまりスマートとはいえません。そこで、コンテンツが `.inner` 内に収まる場合はアスペクト比を維持し、あふれる場合はアスペクト比を維持せず、そのまま伸ばすという手法があります。

HTML

```html
<div class="inner">あのイーハトーヴォの...</div>
```

CSS

```css
.inner::before {
  float: left;
  padding-top: 56.25%;
  content: '';
}
.inner::after {
  display: block;
  content: '';
  clear: both;
}
```

`.inner` の疑似要素 `::before` で最低限16：9の比率になるようにします。`float` プロパティで回り込ませているだけなので、コンテンツ量が多い場合はそのまま下に伸ばすことができます。

次の図では、わかりやすいように .inner::before を図示しています。また、疑似要素 ::after では float の解除をしています。

COLUMN 高さを基準に固定する

padding-top プロパティを使ったアスペクト比の固定では、親要素の横幅に対する縦幅の比率を使っています。逆に、縦幅に対する横幅の比率を指定したい場合はどうすればよいでしょうか。

HTML

```
<div class="outer">
  <img src="data:image/png;base64,iVBORw0KGgoAAAANSUhEUgAABdwAAANMAQMA
AAB8Tf1eAAAAA1BMVEUAAACnej3aAAAAAXRSTlMAQObYZgAAAMpJREFUeNrswYEAAAAAgK
D9qRepAgAAAAAAAAAAAAAAAAAAAAAAAAAAAAAAAAAAAAAAAAAAAAAAAAAAAAAAAAAA
AAAAAAAAAAAAABg9uBAAAAAAADI/7URVFVVVVVVVVVVVVVVVVVVVVVVVVVVVVV
VVVVVVVVVVVVVVVVVVVVVVVVVVVVVVVVVVVWlPTgkAAAABD0/7UnjAAAAAAAAAAA
AAAAAAAAAAAAAAAAAAAAAAAAAAAAAAAAAAMAkbzoAATuOTkUAAAAASUVORK5CYII=">
  <div class="inner">16:9</div>
</div>
```

横幅 16px、縦幅 9px の透明な画像を用意し、img 要素で表示させます。ただし、ここではbase64エンコードして指定しています。これで、16 : 9 の領域を確保することができます。

SECTION 24 ● アスペクト比の固定

CSSt

```
.outer {
  display: inline-block;
  position: relative;
  height: 150px;
}
.outer > img {
  display: block;
  width: auto;
  height: 100%;
}
.inner {
  position: absolute;
  top: 0;
  left: 0;
  width: 100%;
  height: 100%;
}
```

`.outer` で基準となる高さを 150px にしています。 `img` では高さを基準にアスペクト比が計算されるように `height` の値に 100% を指定しています。

▼ブラウザ対応表

IE	Edge	Firefox	Chrome	Safari	Opera	iOS Safari	Android
8	12	3	4	3	10.1	3	2.1

SECTION 25 画像のトリミング

　サイズが異なる画像をサムネイルにするとき、サーバー側でサムネイル用の画像を生成する方法が使われていますが、実はCSSだけでトリミングできます。トリミングの方法は大きく分けて2つあり、画像のアスペクト比を保ったまま画像全体が要素の範囲内に収まる内接リサイズと、画像の短辺を要素の幅に合わせて拡大縮小して、はみ出した部分は切り取られる外接リサイズです。

「background-size」を使った手法

　画像を背景として指定すると、`background-size` プロパティを使ってトリミングできます。

◆ 内接リサイズ

　《アスペクト比の固定》（155ページ）の手法を使って、アスペクト比が1：1の正方形になるようにします。

HTML

```
<div class="trimming"></div>
```

CSS

```
.trimming {
  max-width: 200px;
  background-image: url(https://picsum.photos/1280/720?image=818);
  background-position: center;
  background-size: contain;
  background-repeat: no-repeat;
}
.trimming::before {
  display: block;
  padding-top: 100%;
  content: '';
}
```

`background-size` プロパティに `contain` を指定すると、横長の画像が正方形内に収まるようにトリミングされます。

また、画像の指定をHTML上で定義しておくことで、画像の入れ替えなど動的な場合でも対応できます。

HTML

```
<div class="trimming"
  style="background-image: url(https://picsum.photos/1280/720?image=818);">
</div>
```

◆外接リサイズ

`background-size` プロパティに `cover` を指定すると、外接リサイズできます。

HTML

```
<div class="trimming"></div>
```

CSS

```
.trimming {
  max-width: 200px;
  background-image: url(https://picsum.photos/1280/720?image=818);
  background-position: center;
  background-size: cover;
  background-repeat: no-repeat;
}
.trimming::before {
  display: block;
  padding-top: 100%;
  content: '';
}
```

SECTION 25 ■ 画像のトリミング

「position」を使った手法

position プロパティに absolute を指定して絶対配置にし、top と left プロパティに 50% 、transform プロパティに translate(-50%, -50%) を指定して上下左右中央揃えにしています。

◆ 内接リサイズ

max-width と max-height プロパティに 100% を指定することで、縦横のうち長い方に合わせてトリミングできます。

HTML

```html
<div class="trimming">
  <img src="https://picsum.photos/1280/720?image=818">
</div>
```

CSS

```css
.trimming {
  position: relative;
  max-width: 200px;
}
.trimming::before {
  display: block;
  padding-top: 100%;
  content: '';
}
.trimming img {
  position: absolute;
  top: 50%;
  left: 50%;
  width: auto;
```

```
  height: auto;
  max-width: 100%;
  max-height: 100%;
  transform: translate(-50%, -50%);
}
```

　width と height プロパティに auto を指定しているのは、img 要素の width や height 属性に固定値が指定されていた場合にCSSで初期値に上書きするためです。

◆ 外接リサイズ

　外接リサイズの場合は、max-width や max-height プロパティで長い方に合わせるというテクニックが使えません。

HTML

```
<div class="trimming">
  <img src="https://picsum.photos/1280/720?image=818">
</div>
```

CSS

```
.trimming {
  position: relative;
  max-width: 200px;
  overflow: hidden;
}
.trimming::before {
  display: block;
  padding-top: 100%;
  content: '';
}
.trimming img {
  position: absolute;
  top: 50%;
  left: 50%;
  width: auto;
  height: 100%;
  transform: translate(-50%, -50%);
}
```

画像が横長の場合は高さをいっぱいにするので、`width` プロパティに `auto`、`height` プロパティに `100%` を指定します。画像が縦長の場合は、次のように `width` と `height` プロパティの指定を逆にします。

CSS

```css
.trimming img {
  width: 100%;
  height: auto;
}
```

この手法は、画像が縦長か横長かによってCSSの記述を変更する必要があり、限られた場合にのみ使えます。

「object-fit」を使った手法

`object-fit` プロパティを使うと簡単にトリミングできます。

◆ 内接リサイズ

`object-fit` プロパティに `contain` を指定すると、内接リサイズできます。

HTML

```html
<div class="trimming">
  <img src="https://picsum.photos/1280/720?image=818">
</div>
```

CSS

```css
.trimming {
  position: relative;
  max-width: 200px;
}
.trimming::before {
  display: block;
  padding-top: 100%;
  content: '';
}
.trimming img {
  position: absolute;
  top: 0;
  left: 0;
```

SECTION 25 ● 画像のトリミング

```
    width: 100%;
    height: 100%;
    object-fit: contain;
  }
```

◆ 外接リサイズ

`object-fit` プロパティに `cover` を指定すると、外接リサイズできます。

HTML

```
<div class="trimming">
  <img src="https://picsum.photos/1280/720?image=818">
</div>
```

CSS

```
.trimming {
  position: relative;
  max-width: 200px;
}
.trimming::before {
  display: block;
  padding-top: 100%;
  content: '';
}
.trimming img {
  position: absolute;
  top: 0;
  left: 0;
  width: 100%;
  height: 100%;
  object-fit: cover;
}
```

SVGを使った手法

CSSを使ったテクニックではありませんが、SVGはHTML上に記述できます。

CSS

```css
.trimming {
  position: relative;
  max-width: 200px;
}
.trimming::before {
  display: block;
  padding-top: 100%;
  content: '';
}
.trimming svg {
  position: absolute;
  top: 0;
  left: 0;
  width: 100%;
  height: 100%;
}
```

外接・内接リサイズともにCSSでアスペクト比の固定をします。

◆ 内接リサイズ

`image` 要素の `xlink:href` 属性で画像を指定します。

HTML

```html
<div class="trimming">
  <svg viewBox="0 0 1 1">
    <image xlink:href="https://picsum.photos/1280/720?image=818"
      width="100%" height="100%" preserveAspectRatio="xMidYMid meet"/>
  </svg>
</div>
```

`preserveAspectRatio` 属性の `xMidYMid` は上下左右中央の位置を表し、`meet` は内接リサイズの指定です。

SECTION 25 ● 画像のトリミング

◆ 外接リサイズ

preserveAspectRatio 属性の xMidYMid は上下左右中央の位置を表し、slice は外接リサイズの指定です。

HTML

```html
<div class="trimming">
  <svg viewBox="0 0 1 1">
    <image xlink:href="https://picsum.photos/1280/720?image=818"
      width="100%" height="100%" preserveAspectRatio="xMidYMid slice"/>
  </svg>
</div>
```

> **COLUMN　画像の横幅制御**
>
> img 要素をレスポンシブに対応させるために、次のように width プロパティに 100% を指定することが多いと思います。
>
> **CSS**
>
> ```css
> img {
>   width: 100%;
>   height: auto;
> }
> ```
>
> しかし、width プロパティに 100% を指定すると、必ず親要素の横幅いっぱいに画像が広がります。画像の横幅が親要素の横幅よりも小さい場合に拡大されると、画像が荒くなってしまいます。
>
> **HTML**
>
> ```html
> <img src="https://placehold.jp/400x250.png">
> ```
>
> **CSS**
>
> ```css
> img {
>   max-width: 100%;
>   height: auto;
> }
> ```

そこで、横幅が 300px の画像を用意し、width プロパティの代わりに max-width プロパティに 100% を指定します。

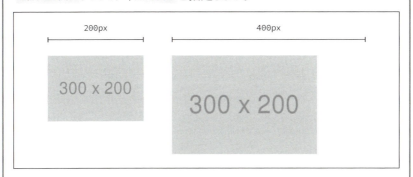

すると、画面幅が画像の横幅 300px よりも大きい場合は、画像は拡大されなくなります。逆に、画面幅が画像の横幅よりも小さい場合は、width プロパティと同じ挙動になります。

▼ブラウザ対応表（「background-size」を使った手法）

IE	Edge	Firefox	Chrome	Safari	Opera	iOS Safari	Android
9	12	3.6	4	5	10.1	4	2.1

▼ブラウザ対応表（「position」を使った手法）

IE	Edge	Firefox	Chrome	Safari	Opera	iOS Safari	Android
9	12	3.5	4	4	10.6	4	2.1

▼ブラウザ対応表（「object-fit」を使った手法）

IE	Edge	Firefox	Chrome	Safari	Opera	iOS Safari	Android
-	16	36	32	7	19	8	4.4.4

▼ブラウザ対応表（SVGを使った手法）

IE	Edge	Firefox	Chrome	Safari	Opera	iOS Safari	Android
9	12	2	4	3	10	3	3

コンテナからの解放

　画像素材を多用したWebサイトからフラットデザインが主流になるにつれてシングルカラムが増えてきました。コンテナが左右中央で配置されていて、画像などの一部の要素だけはブラウザ幅いっぱいに広げて表示するようなデザインを実装するときには、次のようにコンテナ部分と画像部分を分けてマークアップする必要があります。

HTML

```
<div class="container">
  <p>...</p>
  <p>...</p>
</div>
<img src="https://picsum.photos/1500/400/?image=858">
<div class="container">
  <p>...</p>
  <p>...</p>
</div>
```

CSS

```
.container {
  margin: auto;
  max-width: 500px;
}
img {
  width: 100%;
  height: auto;
}
```

　しかし、マークアップの意味を考えると `.container` の中に `img` があるほうが自然です。以前はデザインを実現するためにマークアップの構造が縛られていましたが、現在ではよりセマンティックな実装ができます。

「calc()」とvwの組み合わせ

異なる単位どうしで計算できる calc() 関数と vw という単位を使います。vw は Viewport Widthの略で、ビューポート（画面）の幅に基づく単位です。1vw は画面幅の1%を表すため、画面幅によって値は変化します。

HTML

```
<div class="container">
  <p>...</p>
  <div class="release">
    <img src="https://picsum.photos/1500/400/?image=858">
  </div>
  <p>...</p>
</div>
```

CSS

```
.container {
  margin: auto;
  max-width: 500px;
}
.release {
  margin: 1em calc(50% - 50vw);
}
img {
```

```
    width: 100%;
    height: auto;
}
```

　コンテナの左右に広げる幅は、画面幅の半分である 50vw からコンテナ幅の半分である 50% を引いた幅の 50vw － 50% です。左右に広げるためにはネガティブマージンを使うため、-1 を掛けた 50% － 50vw となります。

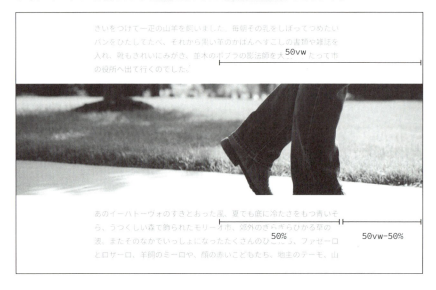

　ここで注意しなければならないのは、vw という単位はスクロールバーの幅を含むことです。このままではスクロールバーの幅分、横スクロールが発生してしまいます。

SECTION 26 ■ コンテナからの解放

HTML

```
<div class="wrapper">
  <div class="container">...</div>
</div>
```

CSS

```
.wrapper {
  overflow-x: hidden;
}
```

　全体を .wrapper で囲み、横スクロールバーを消すために overflow-x プロパティに hidden を指定します。

背景色のみ範囲拡大

　画像ではなく、背景色を左右いっぱいに広げて中身の文章はコンテナと同じ幅で表示したい場合です。

HTML

```
<div class="wrapper">
  <div class="container">
    <p>...</p>
    <div class="release">
      <p>横幅いっぱいに広がる</p>
    </div>
```

SECTION 26 ● コンテナからの解放

```
    <p>...</p>
  </div>
</div>
```

CSS

```
.wrapper {
  overflow-x: hidden;
}
.container {
  margin: auto;
  max-width: 500px;
}
.release {
  margin: 1em calc(50% - 50vw);
  padding: 2em calc(50vw - 50%);
  color: #fff;
  background-color: #426078;
}
```

`padding`プロパティにネガティブマージンで指定した幅と同じ幅だけ指定して相殺しています。

COLUMN 「calc()」の構文

calc() 内の計算式で、+ 演算子および - 演算子を使うときには必ず左右にスペースを入れる必要があります。たとえば、calc(14px -3px) では単なる 14px と -3px という2つの値であり、計算式ではないためエラーとなります。つまり、CSSの値に付ける - 符号と計算式の - 演算子を区別するためにスペースを入れるのです。+ 演算子および - 演算子だけでなく他の演算子もスペースを入れておくとミスを防ぐことができる上、見やすくもなります。

▼ブラウザ対応表

IE	Edge	Firefox	Chrome	Safari	Opera	iOS Safari	Android
9	12	19	34	6.2	21	8	4.4

SECTION 27 下部に固定されるフッター

　Webサイトにはフッターと呼ばれる、Copyrightやページ内リンクなどを記述する領域があります。ほとんどの場合はフッターより上のコンテンツ量が多いため、スクロールしなければフッターは現れません。しかし、逆にコンテンツ量が少ない場合は、フッターは中途半端な位置に表示されてしまいます。

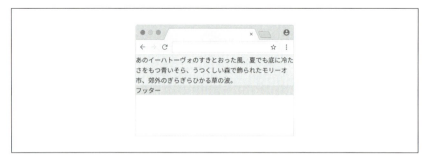

　それでは少し不恰好なので、コンテンツ量が少ないときはフッターをページ下部に固定させるSticky Footerという手法があります。フッターの高さが固定されている場合は同じだけネガテイブマージンを取れば簡単に実装できます。しかし、フッターの高さを固定してしまうと項目が増えるたびに修正が必要になってしまいます。そこで、フッターの高さが可変の場合でも対応できる手法のみに絞ります。

「table-row」を使った手法

　Sticky Footerというテクニックは比較的新しい手法として広まっているかもしれませんが、実はかなり昔から使えます。

HTML

```
<html>
<body>
  <div class="main">あのイーハトーヴォの...</div>
  <div>フッター</div>
</body>
</html>
```

SECTION 27 ■ 下部に固定されるフッター

CSS

```
html {
  height: 100%;
}
body {
  display: table;
  width: 100%;
  height: 100%;
}
.main {
  display: table-row;
  height: 100%;
}
```

`html` と `body` 要素には `height` プロパティに `100%` を指定し、ブラウザの高さいっぱいになるようにします。そして、`.main` で `display` プロパティに `table-row` を指定します。これは、HTMLタグでいうと `tr` タグと同じです。

`.main` の領域をスペースいっぱいに広げるために `height` プロパティに `100%` を指定しています。`table` には行や列の要素の幅や高さに `100%` 以上の値を指定しても、絶対に幅を飛び出さない性質があります。そのため、`.main` の高さに `100%` を指定しても、`.main` とフッターの高さの和はブラウザの高さを飛び出しません。

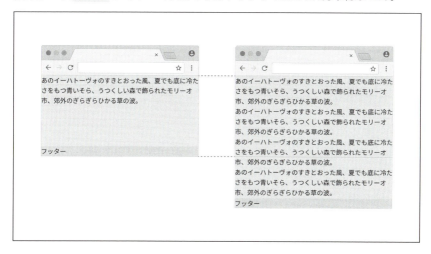

`.main` のコンテンツ量が多くなると、フッターはそのまま下部に続きます。

177

Flexboxを使った手法

`html` と `body` 要素はブラウザの高さいっぱいに広がるように、`height` プロパティの値に `100%` を指定します。また、`flex-direction` プロパティには、`display` プロパティに `flex` を指定した要素の子要素であるFlexアイテムをどの向きに並べるかを指定でき、`column` を指定するとFlexアイテムが縦に並びます。

HTML

```html
<html>
<body>
  <div class="main">あのイーハトーヴォの...</div>
  <div class="footer">フッター</div>
</body>
</html>
```

CSS

```css
html {
  height: 100%;
}
body {
  display: flex;
  flex-direction: column;
  height: 100%;
}
.main {
  flex: 1 0 auto;
}
.footer {
  flex-shrink: 0;
}
```

`.main` では空いたスペースいっぱいに広げるために `flex-grow` プロパティに `1` を指定します。また、`flex-shrink` プロパティの値は初期値が `1` のため、そのままでは `.main` 内のコンテンツ量がブラウザの高さより多くなった場合に、ブラウザの高さに収まろうとしてしまうので、`0` を指定することで縮まないようにします。`.footer` にも、縮んで高さがなくならないように `flex-shrink` プロパティに `0` を指定します。

✍ Gridを使った手法

`html` と `body` 要素はブラウザの高さいっぱいに広がるように、`height` プロパティの値に `100%` を指定します。

```html
<html>
<body>
  <div>あのイーハトーヴォの...</div>
  <div>フッター</div>
</body>
</html>
```

```css
html {
  height: 100%;
}
body {
  display: grid;
  grid-template-rows: 1fr auto;
  height: 100%;
}
```

`grid-template-rows` プロパティでメイン部分にはスペースいっぱいに広げる `1fr` を指定し、フッター部分には `auto` でコンテンツ量に応じて自動調整されるようにします。

✍「sticky」を使った手法

`position` プロパティに指定できる `sticky` という値を使います。もともとサイドバーや見出しなどの追従に使われるプロパティですが、うまく利用することでSticky Footerを表現できます。

```html
<html>
<body>
  <div>あのイーハトーヴォの...div>
  <div class="footer">フッター</div>
</body>
</html>
```

SECTION 27 ● 下部に固定されるフッター

CSS

```css
html {
  height: 100%;
}
body {
  min-height: 100%;
}
.footer {
  position: sticky;
  top: 100%;
}
```

`.footer` を上から `100%` の位置に固定します。

`position` プロパティに `absolute` や `fixed` を指定したときに、`top` プロパティに `100%` を指定するとブラウザ下部の見えない位置に固定されます。

しかし、`sticky` の場合は親要素の横幅や縦幅を飛び出すことはありません。そのため、`top` プロパティに `100%` を指定しても親要素の中に収まります。コンテンツの量が多いときには、`.footer` はそのまま下に押されます。

▼ブラウザ対応表(「table-row」を使った手法)

IE	Edge	Firefox	Chrome	Safari	Opera	iOS Safari	Android
8	12	3.6	4	3	10.6	3	4.2

▼ブラウザ対応表(Flexboxを使った手法)

IE	Edge	Firefox	Chrome	Safari	Opera	iOS Safari	Android
10	12	22	22	6.2	15	7	4.4

▼ブラウザ対応表(Gridを使った手法)

IE	Edge	Firefox	Chrome	Safari	Opera	iOS Safari	Android
-	16	52	57	10.1	44	10.3	57

▼ブラウザ対応表(「sticky」を使った手法)

IE	Edge	Firefox	Chrome	Safari	Opera	iOS Safari	Android
-	16	32	56	6.2	43	7	56

CHAPTER 4

シェイプ

SECTION 28 三角形

CSSで三角形を描画できれば、矢印や吹き出しなど、さまざまなパーツに応用できます。画像を使わずにCSSのソースコードで表現するので変更もしやすく、汎用性が高いです。

「border」を使った手法

`border` プロパティを使って三角形を作る仕組みを見ていきます。

HTML

```html
<div class="triangle"></div>
```

CSS

```css
.triangle {
  display: inline-block;
  width: 100px;
  height: 100px;
  border-top: 50px solid #479362;
  border-left: 50px solid #95b377;
  border-right: 50px solid #b8c192;
  border-bottom: 50px solid #306c6a;
}
```

横幅と縦幅を `100px` にし、上下左右に `50px` の線を引きます。ここで、横幅と縦幅を `0` にすると、4つの三角形が現れます。

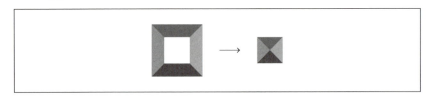

下の三角形のみを取り出すには、次のようにします。

CSS

```
.triangle {
  display: inline-block;
  border-right: 50px solid transparent;
  border-left: 50px solid transparent;
  border-bottom: 50px solid #b8c192;
}
```

`border-top` プロパティは灰色で示した上の部分で、下の三角形には必要がないことがわかります。`border-left` と `border-right` プロパティの線幅の和が底辺、`border-bottom` プロパティの線幅が高さになっています。

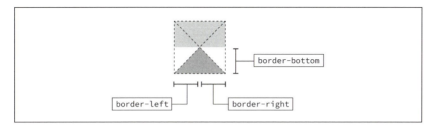

また、4つのうち2つの三角形を使うことで斜めの三角形を作ることもできます。

CSS

```
.triangle {
  display: inline-block;
  border-top: 50px solid #b8c192;
  border-right: 50px solid #b8c192;
  border-left: 50px solid transparent;
  border-bottom: 50px solid transparent;
}
```

`border-top` と `border-right` プロパティに色を付けると右上の三角形を作ることができます。

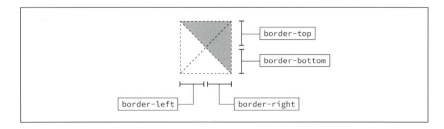

右上の三角形は、次のように作ることもできます。

CSS

```
.triangle {
  display: inline-block;
  border-top: 50px solid #b8c192;
  border-left: 50px solid transparent;
}
```

`border-top` と `border-left` プロパティだけでも同じ三角形になります。この手法の方が、少ないプロパティで作ることができます。

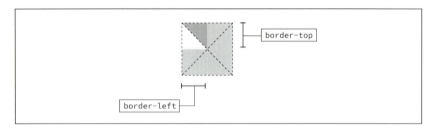

「linear-gradient()」を使った手法

`border` プロパティを使って三角形を描画する手法では簡単にレスポンシブ化することはできません。なぜなら、`border-width` プロパティの値には `%` 単位を使うことができないからです。もちろん、《レスポンシブな文字サイズ》(96ページ)のように `vw` 単位を使えば実現できますが、あまり直感的ではありません。そこで、CSSグラデーションを使うことでレスポンシブな三角形を実装できます。

HTML

```
<div class="triangle"></div>
```

SECTION 28 ■ 三角形

CSS

```
.triangle {
  display: inline-block;
  width: 100px;
  height: 86.60254px;
  background-image: linear-gradient(
                      to bottom right,
                      rgba(255, 255, 255, 0) 50%,
                      #b8c192 50%
                    ),
                    linear-gradient(
                      to bottom left,
                      rgba(255, 255, 255, 0) 50%,
                      #b8c192 50%
                    );
  background-position: 0 0, 100% 0;
  background-size: 50% 100%, 50% 100%;
  background-repeat: no-repeat;
}
```

例として正三角形を描画してみます。正三角形の底辺と高さの比は $2:\sqrt{3}$ なので、底辺が `100px` のときに高さは `86.60254…px` となります。正三角形は、左半分と右半分に分けて作ります。左半分に着目してみると、左上（`0 0`）から右下方向（`to bottom right`）で `0%` から `50%` は透明（`rgba(255, 255, 255, 0) 50%`）、`50%` から `100%` までは緑色（`#b8c192 50%`）になっています。また、横幅は半分なので `50%`、縦幅は `100%` となります。

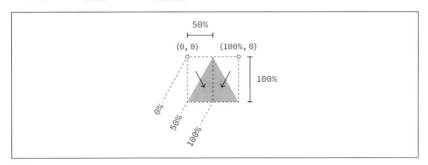

185

SECTION 28 ● 三角形

グラデーションの開始位置は `background-position` プロパティで指定し、終了位置は `background-image` プロパティの値に指定できる `linear-gradient()` 関数の第1引数に記述します。

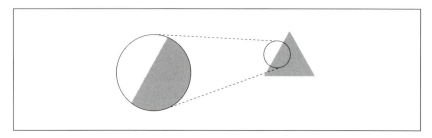

ここで、1つ注意が必要で、斜めのグラデーションを使ったときにはブラウザによってはジャギーが発生します。ジャギーとは、斜めの部分のレンダリングがギザギザになってしまう現象です。

CSS

```css
.triangle {
  background-image: linear-gradient(
                      to bottom right,
                      rgba(255, 255, 255, 0) 49.9%,
                      #b8c192 50%
                    ),
                    linear-gradient(
                      to bottom left,
                      rgba(255, 255, 255, 0) 49.9%,
                      #b8c192 50%
                    );
}
```

ジャギーを防ぐにはグラデーションの位置を 50% から 49.9% にほんの少しだけずらし、49.9% から 50% の間は透明から緑色に滑らかに変化するようにします。これで正三角形を描画できましたが、横幅と縦幅が固定されているのでまだレスポンシブには対応していません。レスポンシブに対応するためには《アスペクト比の固定》(155ページ)の手法を使います。

SECTION 28 ■ 三角形

HTML

```html
<div class="container">
  <div class="triangle"></div>
</div>
```

CSS

```css
.container {
  position: relative;
}
.container::before {
  display: block;
  padding-top: 86.60254%;
  content: '';
}
.triangle {
  position: absolute;
  top: 0;
  left: 0;
  width: 100%;
  height: 100%;
  background-image: linear-gradient(
                      to bottom right,
                      rgba(255, 255, 255, 0) 49.9%,
                      #b8c192 50%
                    ),
                    linear-gradient(
                      to bottom left,
                      rgba(255, 255, 255, 0) 49.9%,
                      #b8c192 50%
                    );
  background-position: 0 0, 100% 0;
  background-size: 50% 100%, 50% 100%;
  background-repeat: no-repeat;
}
```

正三角形の底辺と高さの比は$2 : \sqrt{3}$なので、$\sqrt{3} \div 2 \times 100$で **86.60254%** になります。これで、ブラウザの横幅を縮めても、常に横幅にフィットするようになります。

SECTION 28 ● 三角形

「clip-path」を使った手法

`clip-path` プロパティは要素のどの部分を表示するかを定義できるプロパティで、自由に切り抜くことができます。

```css
.triangle {
  display: inline-block;
  width: 100px;
  height: 86.60254px;
  background-color: #b8c192;
  clip-path: polygon(0 100%, 50% 0, 100% 100%);
}
```

三角形を描画するには3つの点を定義します。矩形の左上を原点とし、それぞれ3点は次のように定義できます。`clip-path` プロパティに指定できる `polygon()` 関数に3点を記述すると三角形を描画できます。

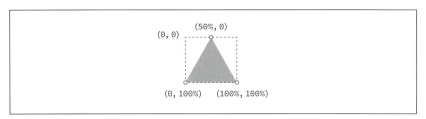

SECTION 28 ■ 三角形

COLUMN 「transparent」の落とし穴

グラデーションの透明色に `transparent` 値を使うと、Safariだけ違う表示になります。

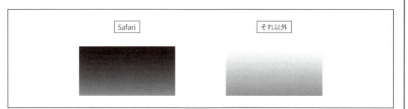

Safariでは `transparent` 値が `rgba(0, 0, 0, 0)` と解釈されてしまい、黒っぽいグラデーションになってしまいます。そのため、`rgba(255, 255, 255, 0)` を指定することで、Safariでも他のブラウザと同じように表示されるようにしています。

▼ブラウザ対応表（「border」を使った手法）

IE	Edge	Firefox	Chrome	Safari	Opera	iOS Safari	Android
8	12	3	4	3	10.1	3	2.1

▼ブラウザ対応表（「linear-gradient()」を使った手法）

IE	Edge	Firefox	Chrome	Safari	Opera	iOS Safari	Android
10	12	16	26	6.1	12.1	7	4.4

▼ブラウザ対応表（「clip-path」を使った手法）

IE	Edge	Firefox	Chrome	Safari	Opera	iOS Safari	Android
-	-	54	23	6.2	15	7	4.4

平行四辺形

平行四辺形を使うとクールで引き締まった印象を与えられます。CSSでも `transform` プロパティを使うことで簡単に描画できます。

入れ子を使った手法

単に平行四辺形を描画したい場合は、`transform` プロパティに指定できる `skew()` 関数を使えばよいです。

HTML

```html
<div class="parallelogram">ポラーノの広場</div>
```

CSS

```css
.parallelogram {
  width: 200px;
  height: 100px;
  background-color: #fade4d;
  transform: skewX(-30deg);
}
```

`skewX()` 関数に `-30deg` を指定すると、x軸方向に30°傾きます。

図形だけを描画する場合はこれでよいのですが、ボタンやメニューなどのように内部に文字を入れたい場合は少し工夫が必要です。

そのままでは `skewX()` 関数の指定により、内部の文字まで傾いてしまいます。

SECTION 29 ■ 平行四辺形

HTML

```html
<div class="parallelogram">
  <div class="inner">ポラーノの広場</div>
</div>
```

CSS

```css
.parallelogram {
  padding: 1.2em 1.7em;
  background-color: #fade4d;
  transform: skewX(-30deg);
}
.inner {
  transform: skewX(30deg);
}
```

`.inner` で文字を囲み、`skewX()` 関数で同じ角度だけ反対方向に傾けると、内部の文字の傾きを修正できます。

疑似要素を使った手法

疑似要素を使うことで、`.inner` で囲む必要がなくなります。

HTML

```html
<div class="parallelogram">ポラーノの広場</div>
```

CSS

```css
.parallelogram {
  position: relative;
  padding: 1.2em 1.7em;
}
.parallelogram::before {
  position: absolute;
  top: 0;
  left: 0;
  width: 100%;
```

```
  height: 100%;
  content: '';
  background-color: #fade4d;
  transform: skewX(-30deg);
  z-index: -1;
}
```

疑似要素 `::before` で、親要素と同じ大きさで配置し、`transform` プロパティの `skewX()` 関数で同じように傾けます。また、`z-index` プロパティに `-1` を指定することで、平行四辺形が文字の背面に配置されるようにしています。

「clip-path」を使った手法

`clip-path` プロパティを使うことで簡単に要素の一部を切り取れます。

HTML

```
<div class="parallelogram">ポラーノの広場</div>
```

CSS

```
.parallelogram {
  position: relative;
  padding: 1.2em 3em;
  background-color: #fade4d;
  clip-path: polygon(20% 0, 100% 0, 80% 100%, 0 100%);
}
```

`clip-path` プロパティの `polygon()` 関数に要素の左上を原点とした4点を指定します。

SECTION 29 ■ 平行四辺形

COLUMN 「clip-path」のツール

clip-path プロパティを使って色々な形状に切り取れるWebツールがあります。直感的に操作でき、すぐに確認できるのでとても便利です。

- Clippy

  URL https://bennettfeely.com/clippy/

▼ブラウザ対応表（入れ子を使った手法）

IE	Edge	Firefox	Chrome	Safari	Opera	iOS Safari	Android
9	12	3.5	4	3	10.6	3	2.1

▼ブラウザ対応表（疑似要素を使った手法）

IE	Edge	Firefox	Chrome	Safari	Opera	iOS Safari	Android
9	12	3.5	4	3	10.6	3	2.1

▼ブラウザ対応表（「clip-path」を使った手法）

IE	Edge	Firefox	Chrome	Safari	Opera	iOS Safari	Android
-	-	54	24	6.2	15	6.2	4.4

台形

　台形はブラウザのタブなど多くのUIに使われています。一方、Web上では矩形のデザインが多く、台形のような複雑な図形を表現するには画像を使うしかありませんでした。CSSで表現すれば変更がしやすく、汎用性も高くなります。台形を描画するための手法がいくつかあります。

「border」を使った手法

　`border` プロパティには `px` などの固定値を指定するため、レスポンシブには対応できません。

HTML

```html
<div class="trapezoid"></div>
```

CSS

```css
.trapezoid {
  box-sizing: border-box;
  display: inline-block;
  width: 200px;
  border-left: 40px solid transparent;
  border-right: 40px solid transparent;
  border-bottom: 100px solid #6cdedc;
}
```

　`px` ではなく `vw` 単位を使用すればレスポンシブに対応できますが、スクロールバーの幅を含むことや《レスポンシブな文字サイズ》(96ページ)のように計算が大変という欠点があります。

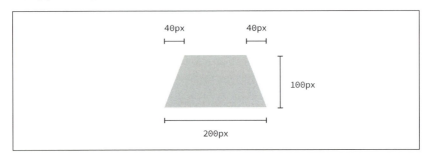

「linear-gradient()」を使った手法

background プロパティに複数の背景を指定できることと、linear-gradient() 関数を使います。

HTML

```
<div class="trapezoid"></div>
```

CSS

```
.trapezoid {
  display: inline-block;
  width: 200px;
  height: 100px;
  background-image: linear-gradient(
                      to bottom right,
                      rgba(255, 255, 255, 0) 50%,
                      #6cdedc 50%
                    ),
                    linear-gradient(#6cdedc, #6cdedc),
                    linear-gradient(
                      to bottom left,
                      rgba(255, 255, 255, 0) 50%,
                      #6cdedc 50%
                    );
  background-position: 0 0, 40px 0, 100% 0;
  background-size: 40px 100%, calc(100% - 80px) 100%, 40px 100%;
  background-repeat: no-repeat;
}
```

台形を3つの図形に分けて、それぞれ linear-gradient() 関数で描画します。background-position プロパティにはそれぞれの背景の開始位置を指定し、background-size プロパティには背景の大きさを指定します。また、レスポンシブに対応するには《三角形》(182ページ)で解説したように《アスペクト比の固定》(155ページ)の手法を使います。

SECTION 30 ● 台形

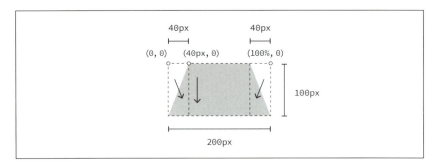

「skew()」を使った手法

疑似要素 ::before 、::after を使い、2つの平行四辺形を重ねます。

HTML

```
<div class="trapezoid"></div>
```

CSS

```
.trapezoid {
  position: relative;
  width: 200px;
  height: 100px;
}
.trapezoid::before, .trapezoid::after {
  position: absolute;
  top: 0;
  width: 50%;
  height: 100%;
  content: '';
  background-color: #6cdedc;
}
.trapezoid::before {
  left: 0;
  transform: skewX(-20deg);
  transform-origin: 0 100%;
}
.trapezoid::after {
  right: 0;
  transform: skewX(20deg);
  transform-origin: 100% 100%;
}
```

`transform-origin` プロパティで変形の基準点が端になるようにします。この手法は、`skewX()` 関数に指定する角度が大きすぎたり、`.trapezoid` の横幅を小さくすると2つの平行四辺形が交差してしまうので注意が必要です。それさえ注意すれば、この手法がおすすめです。

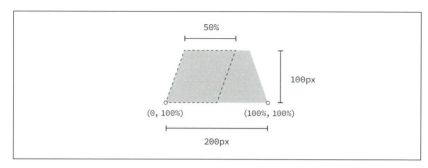

「perspective()」を使った手法

3D座標における奥行きを指定できる `perspective()` 関数を使います。

HTML

```
<div class="trapezoid"></div>
```

CSS

```
.trapezoid {
  width: 200px;
  height: 100px;
  background-color: #6cdedc;
  transform: perspective(20px) rotateX(5deg);
}
```

`perspective()` 関数に `20px` を指定し、`rotateX()` 関数に `5deg` を指定すると回転した状態を立体的に描画でき、台形になります。

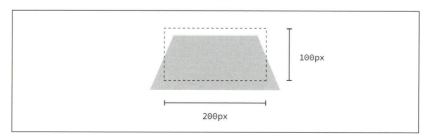

しかし、元の長方形から大幅にずれてしまっています。

CSS

```
.trapezoid {
  transform-origin: bottom;
}
```

transform-origin に bottom を指定することで、変形の基準位置を下にします。すると、長方形の中に収まるようになります。

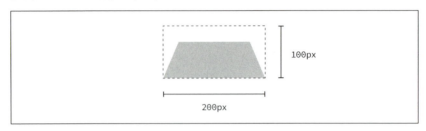

しかし、今度は高さが足りなくなってしまいました。

CSS

```
.trapezoid {
  width: 200px;
  height: 100px;
  background-color: #6cdedc;
  transform: scaleY(1.4412) perspective(20px) rotateX(5deg);
  transform-origin: bottom;
}
```

そこで、scaleY() 関数で高さを伸ばします。scaleY() 関数に指定する値は算出する方法があるのですが、3D座標の変形はとても複雑なので、開発者ツールを使って高さがちょうど 100px になるような値を微調整しながら出します。この手法は、変形を多用するので少し大変なのと、.trapezoid の横幅によって斜辺の傾きが変わってしまうのが難点です。

SECTION 30 ■ 台形

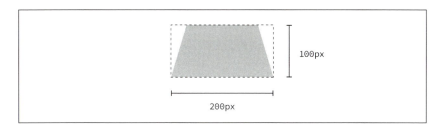

✎「clip-path」を使った手法

`clip-path`プロパティで要素を切り抜きます。

HTML
```
<div class="trapezoid"></div>
```

CSS
```
.trapezoid {
  display: inline-block;
  width: 200px;
  height: 100px;
  background-color: #6cdedc;
  clip-path: polygon(40px 0, calc(100% - 40px) 0, 100% 100%, 0 100%);
}
```

`clip-path`プロパティに指定できる`polygon()`関数に切り取る4点を指定します。

COLUMN 「calc()」によるカラム落ち

calc() 関数を使って3分割する場合、IE11ではカラム落ちすることがあります。

HTML

```
<div class="grid">
  <div class="column">1</div>
  <div class="column">2</div>
  <div class="column">3</div>
</div>
```

CSS

```
.grid::after {
  display: block;
  content: '';
  clear: both;
}
.column {
  float: left;
  width: calc(100% / 3);
}
```

IE11では数値が小数だった場合、小数第2位までに丸められるという仕様があります。たとえば、画面幅が `929px` のときに `calc()` 関数の式に `100% / 3` を指定すると、この場合の `100%` は `929px` なので、小数第3位は四捨五入されて、$929 \div 3 = 309.66666666 \simeq 309.67$ となります。しかし、この値を3倍して元に戻すと929.01となり、`929px` を超えてカラム落ちが発生するとわかります。

CSS

```
.column {
  width: 33.33333%;
}
```

そこで、widthプロパティに33.33333%を指定します。すると、IE11では小数第3位が四捨五入されて33.33%と解釈されます。よって、.columnの横幅は、小数第3位以下は切り捨てされて次の式になります。

$$929 \times \frac{33.33}{100} = 3096357 \simeq 309.63$$

この値を3倍して元に戻すと928.89となり、929px内に収まるためカラム落ちは発生しません。IEに対応する必要がある場合は、calc()関数を使って3分割や7分割など、割り切れない計算式を指定するのはやめた方がよいです。

▼ブラウザ対応表（「border」を使った手法）

IE	Edge	Firefox	Chrome	Safari	Opera	iOS Safari	Android
8	12	3	4	3	10.1	3	2.1

▼ブラウザ対応表（「linear-gradient()」を使った手法）

IE	Edge	Firefox	Chrome	Safari	Opera	iOS Safari	Android
10	12	16	26	6.1	15	7	4.4

▼ブラウザ対応表（「skew()」を使った手法）

IE	Edge	Firefox	Chrome	Safari	Opera	iOS Safari	Android
9	12	3.5	4	3	10.6	3	2.1

▼ブラウザ対応表（「perspective()」を使った手法）

IE	Edge	Firefox	Chrome	Safari	Opera	iOS Safari	Android
10	12	10	32	5.1	21	5	4

▼ブラウザ対応表（「clip-path」を使った手法）

IE	Edge	Firefox	Chrome	Safari	Opera	iOS Safari	Android
-	-	54	30	6.2	16	8	4.4

SECTION 31 複数のボーダー

　ボーダーを引くときには `border` プロパティを使いますが、1つのボーダーしか引くことができません。もちろん複数の要素を入れ子にして、それぞれの要素に対して `border` プロパティを定義すれば複数のボーダーを引くことができます。しかし、ボーダーのためだけに要素を増やすのはあまりよいとはいえません。

「outline」を使った手法

　`outline` プロパティを使うと `border` の外側にさらにボーダーを引くことができます。

CSS

```css
.box {
  border: 10px solid #ea4c4c;
  outline: 10px solid #f1c550;
}
```

　`outline` プロパティは `border` プロパティと同じ記法で記述できます。2本のボーダーを引きたいときは、この手法がシンプルです。ただし、`border-radius` プロパティを使っても `outline` プロパティで描画されたボーダーの角は丸くならないので注意が必要です。

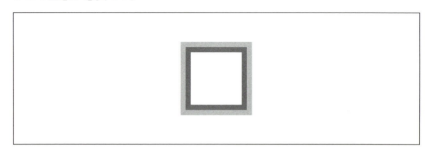

疑似要素を使った手法

疑似要素を使って内側にボーダーを引きます。

CSS

```
.box {
  position: relative;
  border: 20px solid #ea4c4c;
}
.box::before {
  position: absolute;
  top: -10px;
  left: -10px;
  right: -10px;
  bottom: -10px;
  content: '';
  border: 10px solid #f1c550;
}
```

`.box` であらかじめ2本分の幅である `20px` のボーダーを引いておきます。そして、疑似要素 `::before` を絶対配置で上下左右 `-10px` の位置に配置して、内側のボーダーを引いています。`outline` プロパティを使えば4本まで、さらに疑似要素 `::after` を使えば最大6本のボーダーまで対応できます。

「box-shadow」を使った手法

`box-shadow` プロパティの第3引数に指定するぼかし半径を `0` にして、第4引数に指定する広がり半径にボーダーの幅を指定することで、複数のボーダーを表現できます。

CSS

```
.box {
  margin: 40px;
  box-shadow: 0 0 0 10px #ea4c4c,
              0 0 0 20px #f1c550,
              0 0 0 30px #fff9e0,
              0 0 0 40px #a1c45a;
}
```

box-shadow プロパティの値にはカンマ区切りでいくつでも値を指定することができ、最初の値が最前面の重なり順になります。影を重ねて表現するため、広がり半径をボーダーの幅である 10px ずつ大きくする必要があります。また、box-shadow プロパティはレイアウトに影響しないプロパティのため、隣り合う要素にボーダー部分が重なってしまいます。それを防ぐために margin プロパティにボーダーの幅分の余白を指定しています。実質いくつでもボーダーを引くことができるので、多くのボーダーを引きたいときに使える手法です。

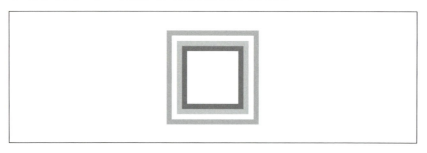

また、box-shadow プロパティに inset を指定すると内向きの影にすることができ、次のように padding プロパティで調整することもできます。

CSS

```css
.box {
  padding: 40px;
  box-shadow: 0 0 0 10px #ea4c4c inset,
              0 0 0 20px #f1c550 inset,
              0 0 0 30px #fff9e0 inset,
              0 0 0 40px #a1c45a inset;
}
```

内向きの影なため、inset を指定しないときとは違ってボーダーの順番が逆になることに注意が必要です。

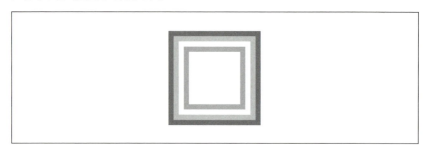

SECTION 31 ■ 複数のボーダー

> **COLUMN　小数値のボーダー**
>
> `border` プロパティでは `0.5px` のボーダーを引くことはできません。
>
> **CSS**
>
> ```css
> .box {
>   box-shadow: 0 -.5px #000 inset;
> }
> ```
>
> 小数値のボーダーを引くには `box-shadow` プロパティを使います。この場合、下に `0.5px` のボーダーを描画できます。

▼ブラウザ対応表（「outline」を使った手法）

IE	Edge	Firefox	Chrome	Safari	Opera	iOS Safari	Android
8	12	2	4	3	10.1	3	2.1

▼ブラウザ対応表（疑似要素を使った手法）

IE	Edge	Firefox	Chrome	Safari	Opera	iOS Safari	Android
8	12	3.6	4	3	10.6	3	2.1

▼ブラウザ対応表（「box-shadow」を使った手法）

IE	Edge	Firefox	Chrome	Safari	Opera	iOS Safari	Android
9	12	3.5	4	5	11.5	4	4

半透明のボーダー

CSSでは `rgba()` や `hsla()` のようなアルファ値（透明度）を指定できるものがあり、これを使えば半透明色を描画できます。半透明のボーダーを描画するためには、`border` プロパティにアルファ値を含む色を指定することで実装できると思うかもしれませんが、実際はうまく描画されません。

アルファ値を含む色を指定する

`border` プロパティで `rgba()` 関数を使って半透明な白色を指定してみます。

HTML

```
<div class="box">あのイーハトーヴォの...</div>
```

CSS

```
.box {
  border: 10px solid rgba(255, 255, 255, .3);
  background-color: #fff;
}
```

背景色にも白色を指定してみると、次のようになります。ボーダーに指定した半透明な白色は描画されていないように思えますが、実際は描画されています。ボーダーの半透明な白色の背面に背景色である白色が描画されているため、重なってただの白色として見えてしまうのです。

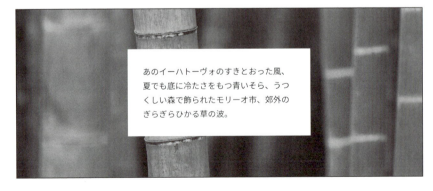

背景色の範囲を指定する

ボーダーの背面に背景色が描画されないようにするためには、`background-clip` プロパティを使います。

CSS

```css
.box {
  border: 10px solid rgba(255, 255, 255, .3);
  background-color: #fff;
  background-clip: padding-box;
}
```

`background-clip` プロパティの値に `padding-box` を指定すると、背景色が `padding` の端まで描画されるようになり、ボーダーに干渉しなくなります。デフォルト値は `border-box` で、ボーダーの背面まで背景色が描画されるようになっています。

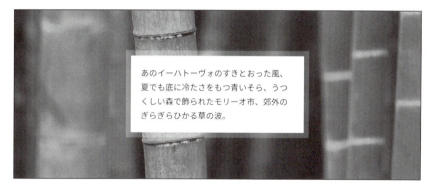

▼ブラウザ対応表

IE	Edge	Firefox	Chrome	Safari	Opera	iOS Safari	Android
9	12	4	4	5.1	11.1	5	4.4

画像のボーダー

直線ではなく、画像を使った個性的な装飾枠を表現したい場合があります。固定サイズなら簡単なのですが、レスポンシブに対応するためには、画面幅に応じて伸縮させる必要があります。

複数の背景画像を使った手法

従来からある手法で、画像をパーツごとに分割して組み合わせます。

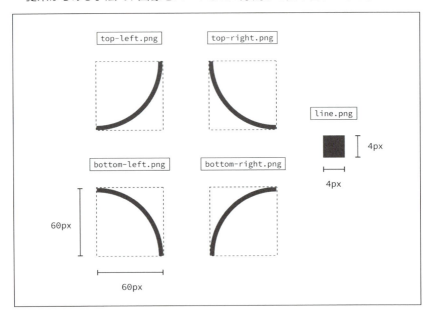

Retinaディスプレイに対応するために2倍のサイズで作成します。

HTML

```
<div class="box">あのイーハトーヴォの...</div>
```

SECTION 33 ■ 画像のボーダー

CSS

```css
.box {
  position: relative;
  padding: 40px 45px;
  background-image: url(top-left.png),
                    url(top-right.png),
                    url(bottom-right.png),
                    url(bottom-left.png);
  background-position: 0 0, 100% 0, 100% 100%, 0 100%;
  background-size: 30px 30px;
  background-repeat: no-repeat;
  background-origin: border-box;
}
.box::before {
  position: absolute;
  top: 0;
  left: 30px;
  right: 30px;
  bottom: 0;
  content: '';
  background-image: url(line.png), url(line.png);
  background-position: 0 0, 0 100%;
  background-size: 2px 2px;
  background-repeat: repeat-x;
  z-index: -1;
}
.box::after {
  position: absolute;
  top: 30px;
  left: 0;
  right: 0;
  bottom: 30px;
  content: '';
  background-image: url(line.png), url(line.png);
  background-position: 0 0, 100% 0;
  background-size: 2px 2px;
  background-repeat: repeat-y;
  z-index: -1;
}
```

`.box` で角の背景画像を配置します。間をつなぐ線部分は `.box` で定義すると角の部分まで重なってしまうので、疑似要素を使って配置します。疑似要素 `::before` は左から `30px` で右から `30px` の位置に配置し、x軸方向に繰り返すことで横線を描画しています。疑似要素 `::after` では縦線を描画しています。

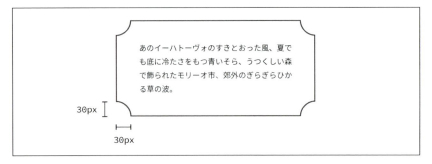

「border-image」を使った手法

複数の背景画像を使った手法では画像を分割する必要があり、少し面倒です。`border-image` プロパティを使えば、画像を分割することなく指定できます。

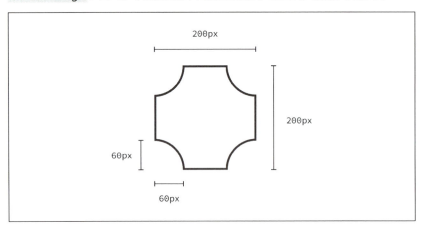

分割する前の1枚の画像 `frame.png` を用意します。

HTML

```
<div class="box">あのイーハトーヴォの...</div>
```

CSS

```
.box {
  border-width: 40px 45px;
  border-style: solid;
  border-color: transparent;
  border-image-source: url(frame.png);
  border-image-slice: 60;
  border-image-width: 30px;
}
```

border-image-source プロパティには画像を指定します。border-image-slice プロパティは margin や padding プロパティの構文と同じで1つ指定すると上下左右、2つ指定すると上下と左右、3つ指定すると上と左右と下、4つ指定すると左と上と右と下になります。60 と指定すると、左から 60px 、上から 60px 、右から 60px 、下から 60px の範囲が対象となります。border-image-width プロパティには指定した画像による線幅を指定し、border-width プロパティには文字の領域までの線幅を指定します。border-color プロパティには transparent を指定して、画像が読み込まれるまでの間に透明になるようにしています。

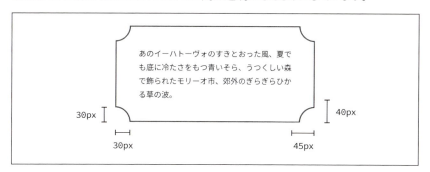

COLUMN エアメール風

border-image-source プロパティにはグラデーションを指定することもできます。

HTML

```
<div class="box">あのイーハトーヴォの...</div>
```

SECTION 33 ● 画像のボーダー

CSS

```css
.box {
  padding: 1.2em;
  border-width: 15px;
  border-style: solid;
  border-color: transparent;
  border-image-source: repeating-linear-gradient(
                         135deg,
                         #d7151f,
                         #d7151f 16px,
                         transparent 16px,
                         transparent 32px,
                         #0f5ea5 32px,
                         #0f5ea5 48px,
                         transparent 48px,
                         transparent 64px
                       );
  border-image-slice: 15;
  border-image-width: 15px;
}
```

《ストライプ》(229ページ) の手法を使えば、簡単にエアメール風の表現ができます。 `border-image` プロパティを使うと背景が透過された状態で描画できるので、背景が単色でない場合にも対応できます。

▼ブラウザ対応表（複数の背景画像を使った手法）

IE	Edge	Firefox	Chrome	Safari	Opera	iOS Safari	Android
9	12	3.6	4	5	10.6	4	2.1

▼ブラウザ対応表（「border-image」を使った手法）

IE	Edge	Firefox	Chrome	Safari	Opera	iOS Safari	Android
11	12	15	15	6	15	5.1	4.4

SECTION 34 角の切り落とし

　角を丸くするには `border-radius` プロパティが使えますが、角を切り落としたい場合には使えません。三角形の画像を用意して上に配置すればよいと思うかもしれませんが、それでは背景色が単色の場合にしか対応できません。切り落とす部分の背景は透過させつつ、角の切り落としをする手法があります。

「linear-gradient()」を使った手法

グラデーションを使って角の切り落としを表現できます。

HTML

```html
<div class="box">あのイーハトーヴォの...</div>
```

CSS

```css
.box {
  background-image: linear-gradient(
                      225deg,
                      transparent 12px,
                      #3f788e 12px
                    );
}
```

　`linear-gradient()` 関数の第1引数に `225deg` と指定すると、右上から左下に向かってグラデーションが描画されます。カラーストップの値をどちらも `12px` にすることで境界で色が切り替わるようになります。

SECTION 34 ● 角の切り落とし

また、2つの角を切り落とすには `linear-gradient()` 関数を追加します。

CSS

```
.box {
  background-image: linear-gradient(  /* 左半分 */
                      135deg,
                      transparent 12px,
                      #3f788e 12px
                    ),
                    linear-gradient(  /* 右半分 */
                      225deg,
                      transparent 12px,
                      #3f788e 12px
                    );
  background-position: 0 0, 100% 0;
  background-size: 50% 100%;
  background-repeat: no-repeat;
}
```

2つ `linear-gradient()` 関数を定義するだけでは要素全体にグラデーションが広がってしまうため、効果がありません。`background-position` と `background-size` プロパティを指定することで左半分と右半分に分けてグラデーションを使います。

`linear-gradient()` 関数を4つ定義すれば4つの角を切り落とせます。

CSS

```
.box {
  background-image: linear-gradient(  /* 左下 */
                      45deg,
                      transparent 12px,
                      #3f788e 12px
```

```css
              ),
              linear-gradient(  /* 左上 */
                135deg,
                transparent 12px,
                #3f788e 12px
              ),
              linear-gradient(  /* 右上 */
                225deg,
                transparent 12px,
                #3f788e 12px
              ),
              linear-gradient(  /* 右下 */
                315deg,
                transparent 12px,
                #3f788e 12px
              );
  background-position: 0 100%, 0 0, 100% 0, 100% 100%;
  background-size: 50% 50%;
  background-repeat: no-repeat;
}
```

4つの角を切り落とす場合は、要素を4つの部分に分けて描画します。

さらに、`radial-gradient()` 関数を使えば、角が丸く凹んだ形状にできます。

CSS

```css
.box {
  background-image: radial-gradient(  /* 左下 */
                      circle at 0 100%,
                      transparent 16px,
                      #3f788e 16px
                    ),
                    radial-gradient(  /* 左上 */
```

SECTION 34 ● 角の切り落とし

```
            circle at 0 0,
            transparent 16px,
            #3f788e 16px
        ),
        radial-gradient(  /* 右上 */
            circle at 100% 0,
            transparent 16px,
            #3f788e 16px
        ),
        radial-gradient(  /* 右下 */
            circle at 100% 100%,
            transparent 16px,
            #3f788e 16px
        );
    background-position: 0 100%, 0 0, 100% 0, 100% 100%;
    background-size: 50% 50%;
    background-repeat: no-repeat;
}
```

`radial-gradient()` 関数の第1引数には形状と開始座標を記述します。たとえば、`circle at 0 100%` は左下から円状にグラデーションが描画されます。

グラデーションを使うことで装飾用に無駄な要素が必要ないため、とても汎用的な手法です。

「box-shadow」を使った手法

`box-shadow` プロパティの第4引数を使って背景を覆います。

HTML

```html
<div class="box">あのイーハトーヴォの...</div>
```

CSS

```css
.box {
  position: relative;
  overflow: hidden;
}
.box::before {
  position: absolute;
  top: 0;
  right: 0;
  width: 24px;
  height: 24px;
  content: '';
  box-shadow: 0 0 0 500px #3f788e;
  transform: rotate(45deg) translate(50%, -50%);
  transform-origin: 100% 0;
  z-index: -1;
}
```

角から `12px` の位置を切り落としたい場合、疑似要素 `::before` を使って縦 `24px` で横 `24px` の正方形を `45deg` 傾けて配置します。`box-shadow` プロパティの第4引数に `.box` の背景全体を覆うように大きめの `500px` を指定します。

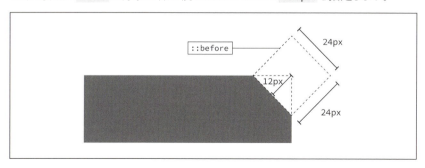

また、疑似要素 `::before` を円形にすれば、角が丸く凹んだ形状にもできます。

```css
.box {
  position: relative;
  overflow: hidden;
}
.box::before {
  position: absolute;
  top: 0;
  right: 0;
  width: 32px;
  height: 32px;
  content: '';
  border-radius: 50%;
  box-shadow: 0 0 0 500px #3f788e;
  transform-origin: 100% 0;
  transform: translate(50%, -50%);
  z-index: -1;
}
```

丸く凹む半径を `16px` にしたい場合、2倍の `32px` を `width` と `height` プロパティに指定します。

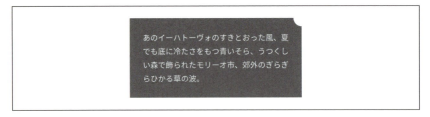

この手法は1つの `.box` で1つの角しか表現できません。4つの角を切り落としたい場合は4つの `.box` を組み合わせる必要があります。

「clip-path」を使った手法

`clip-path` プロパティの `polygon()` 関数に点を指定します。

HTML

```html
<div class="box">あのイーハトーヴォの...</div>
```

CSS

```css
.box {
  background-color: #3f788e;
  clip-path: polygon(
              0 16.97056px,
              16.97056px 0,
              calc(100% - 16.97056px) 0,
              100% 16.97056px,
              100% calc(100% - 16.97056px),
              calc(100% - 16.97056px) 100%,
              16.97056px 100%,
              0 calc(100% - 16.97056px)
            );
}
```

角から `12px` の位置を切り落としたい場合、直角二等辺三角形の辺の比は $1:1:\sqrt{2}$ なので、端からの距離は $12\sqrt{2} = 16.9705627485...$ となります。また、`clip-path` プロパティを使えば、背景色だけでなく画像の切り落としもできます。ただし、`clip-path` プロパティを使って角が丸く凹んだ形状にはできません。

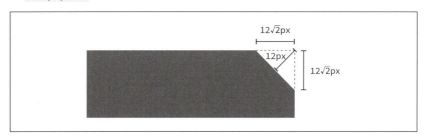

SECTION 34 ● 角の切り落とし

COLUMN 自然なグラデーション

`linear-gradient()` 関数でグラデーションを描画できますが、たとえば次のように透明から黒へ変化するグラデーションがあります。

CSS

```css
.element {
  background-image: linear-gradient(
                    rgba(255, 255, 255, 0),
                    rgba(0, 0, 0, .8)
                  );
}
```

このグラデーションを要素の下部に配置するようなデザインの場合、グラデーションとの境目が気になってしまいます。

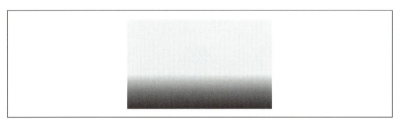

そこで、Easing GradientsというWebサイトを使います。

● Easing Gradients

URL https://larsenwork.com/easing-gradients/

このWebサイトではベジェ曲線を利用してグラデーションがなめらかになるように調整しています。色やグラデーションの方向を選択して下にスクロールすると、出力されたCSSがあるのでコピーして先ほどのグラデーションと置き換えます。

CSS

```
.element {
  background-image: linear-gradient(
                    to bottom,
                    hsla(0, 0%, 0%, 0) 0%,
                    hsla(0, 0%, 0%, 0.01) 8.1%,
                    hsla(0, 0%, 0%, 0.039) 15.5%,
                    hsla(0, 0%, 0%, 0.083) 22.5%,
                    hsla(0, 0%, 0%, 0.14) 29%,
                    hsla(0, 0%, 0%, 0.207) 35.3%,
                    hsla(0, 0%, 0%, 0.282) 41.2%,
                    hsla(0, 0%, 0%, 0.36) 47.1%,
                    hsla(0, 0%, 0%, 0.44) 52.9%,
                    hsla(0, 0%, 0%, 0.518) 58.8%,
                    hsla(0, 0%, 0%, 0.593) 64.7%,
                    hsla(0, 0%, 0%, 0.66) 71%,
                    hsla(0, 0%, 0%, 0.717) 77.5%,
                    hsla(0, 0%, 0%, 0.761) 84.5%,
                    hsla(0, 0%, 0%, 0.79) 91.9%,
                    hsla(0, 0%, 0%, 0.8) 100%
  );
}
```

このように細かくカラーストップを指定することで、自然なグラデーションにしているわけです。

SECTION 34 ● 角の切り落とし

▼ブラウザ対応表（「linear-gradient()」を使った手法）

IE	Edge	Firefox	Chrome	Safari	Opera	iOS Safari	Android
10	12	5	4	5.1	11.6	5	4

▼ブラウザ対応表（「box-shadow」を使った手法）

IE	Edge	Firefox	Chrome	Safari	Opera	iOS Safari	Android
9	12	3.5	4	5.1	10.6	5	4

▼ブラウザ対応表（「clip-path」を使った手法）

IE	Edge	Firefox	Chrome	Safari	Opera	iOS Safari	Android
-	-	54	36	6.2	23	8	36

SECTION 35 背景の位置

　背景画像の位置を指定する場合、従来は左上からの相対位置か、右下などの端を表すキーワード値しか使えませんでした。しかし、実際に背景画像を配置していると、右下からの相対位置を指定したい場合もあります。

「background-position」を使った手法

`background-position` プロパティで端からの相対位置を指定できます。

HTML

```html
<div class="box"></div>
```

CSS

```css
.box {
  width: 400px;
  height: 200px;
  background-image: url(icon.svg);
  background-color: #e9f3ed;
  background-position: right 15px bottom 20px;
  background-repeat: no-repeat;
}
```

　`right` に続けて `15px`、`bottom` に続けて `20px` と記述すると、右から `15px` で下から `20px` の位置に配置できます。ただし、古いブラウザでは対応していないので注意が必要です。

SECTION 35 ● 背景の位置

「calc()」を使った手法

calc() 関数とともに使うことで、左上以外の端からの相対位置を指定できます。

HTML
```
<div class="box"></div>
```

CSS
```
.box {
  width: 400px;
  height: 200px;
  background-image: url(icon.svg);
  background-color: #e9f3ed;
  background-position: calc(100% - 15px) calc(100% - 20px);
  background-repeat: no-repeat;
}
```

`100%` は左上からの相対位置を表し、`background-position` プロパティの値はそれぞれ右と下からの距離を表します。右下から配置したい距離を `100%` から引けば、端からの相対配置を指定できます。

「background-origin」を使った手法

`padding` プロパティの値に合わせて背景位置を指定する場合、次のようになります。

HTML
```
<div class="box"></div>
```

CSS
```
.box {
  box-sizing: border-box;
  width: 400px;
  height: 200px;
  padding: 20px 15px;
  background-image: url(icon.svg);
  background-color: #e9f3ed;
  background-position: right 15px bottom 20px;
  background-repeat: no-repeat;
}
```

`background-position` プロパティを使った手法を用いて実装していますが、この手法だと同じ `15px` という値を何度も記述しなければなりません。

```css
.box {
  box-sizing: border-box;
  padding: 20px 15px;
  background-image: url(icon.svg);
  background-color: #e9f3ed;
  background-position: right bottom;
  background-origin: content-box;
  background-repeat: no-repeat;
}
```

そこで `background-origin` プロパティに `content-box` と指定すれば、`padding` を含まない範囲を `background-position` で指定する値の対象とすることができ、`right bottom` と指定するだけでよくなります。

SECTION 35 ● 背景の位置

> **COLUMN** ボックスモデル
>
> すべての要素はボックスと呼ばれる矩形の領域を持ちます。

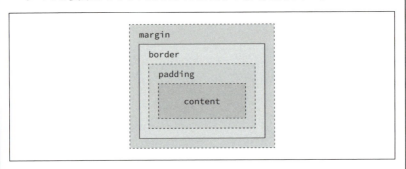

レスポンシブデザインを実装するにあたって、ボックスモデルは非常に重要です。`box-sizing` という `width` や `height` の範囲にどこまで含めるかを決めるプロパティがあります。

CSS

```css
.element {
  padding: 20px;
  width: 100px;
  border: 10px solid #000;
}
```

たとえば、`box-sizing` プロパティが指定されていない場合、`content-box` という値が初期値として使われ、左右の `padding` と `width` と `border` を合わせた `160px` のボックスが生成されます。

CSS

```css
.element {
  box-sizing: border-box;
  padding: 20px;
  width: 100px;
  border: 10px solid #000;
}
```

`box-sizing` プロパティに `border-box` を指定すると、`width` で指定した値が `border` の範囲まで含まれるようになります。そのため、`width` プロパティの値である `100px` のボックスが生成されます。

```css
*, ::before, ::after {
  box-sizing: border-box;
}
```

レスポンシブデザインになくてはならないため、すべての要素に対して box-sizing プロパティに border-box を指定することが当たり前になっています。しかし、この指定では一部で content-box を使いたいときにとても不便になってしまいます。

```html
<div class="outer">      <!-- border-box -->
  <div class="inner">    <!-- content-box -->
    <div>...</div>       <!-- border-box -->
    <div>...</div>       <!-- border-box -->
  </div>
</div>
```

```css
*, ::before, ::after {
  box-sizing: border-box;
}
.inner {
  box-sizing: content-box;
}
```

たとえば、.inner 以下の子要素すべてで content-box を使いたい場合、.inner で box-sizing プロパティに content-box を指定しても、その子要素はユニバーサルセレクタ * で border-box と指定されているため、継承されません。

SECTION 35 ● 背景の位置

HTML

```
<div class="outer">     <!-- border-box -->
  <div class="inner">   <!-- content-box -->
    <div>...</div>      <!-- content-box -->
    <div>...</div>      <!-- content-box -->
  </div>
</div>
```

CSS

```
html {
  box-sizing: border-box;
}
*, ::before, ::after {
  box-sizing: inherit;
}
.inner {
  box-sizing: content-box;
}
```

　そこで、`html` で `box-sizing` プロパティに `border-box` を指定して、すべての要素に対しては `inherit` を指定することで、子要素まで値を継承させることができます。

▼ブラウザ対応表（「background-position」を使った手法）

IE	Edge	Firefox	Chrome	Safari	Opera	iOS Safari	Android
9	12	13	25	6.2	11.1	6.2	4.4

▼ブラウザ対応表（「calc()」を使った手法）

IE	Edge	Firefox	Chrome	Safari	Opera	iOS Safari	Android
10	12	4	19	6	15	6	4.4

▼ブラウザ対応表（「background-origin」を使った手法）

IE	Edge	Firefox	Chrome	Safari	Opera	iOS Safari	Android
9	12	4	4	3.1	11.1	3.1	2.1

ストライプ

ストライプは、線幅や配色によってさまざまな印象を与えることができ、チラシや雑誌など身の回りで幅広く使われています。Web上でストライプを再現するために従来は画像を使う必要がありましたが、グラデーションをうまく使うことでCSSだけで実装できます。

ストライプを実装する仕組み

`background` プロパティに指定できる `linear-gradient()` 関数のグラデーションを使ってストライプを作成します。

HTML

```
<div class="box"></div>
```

CSS

```
.box {
  width: 200px;
  height: 100px;
  background-image: linear-gradient(#795f46, #bee4d7);
}
```

`linear-gradient()` 関数にはカンマ区切りで複数の値を指定でき、2色指定すると茶色から水色へ変化するグラデーションになります。

CSS

```
.box {
  background-image: linear-gradient(#795f46 30%, #bee4d7 70%);
}
```

SECTION 36 ● ストライプ

そして、`linear-gradient()` 関数のそれぞれの値には、グラデーションが変化する点であるカラーストップを指定できます。

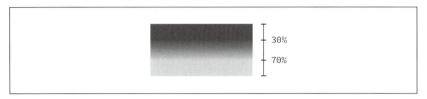

この場合は、`30%` と `70%` の間でなめらかに変化するようになります。

CSS

```
.box {
  background-image: linear-gradient(#795f46 50%, #bee4d7 50%);
}
```

そして、カラーストップを徐々に中央に近づけてみると、`50%` のところで色が切り替わるようになります。通常は、カラーストップ間にグラデーションが描画されますが、これはカラーストップの値が同じ場合も同様で、`50%` から `50%` の間にグラデーションが描画されます。しかし、カラーストップの値が同じなので、なめらかに変化しているようには見えずに急激に色が変化しているのです。これが、グラデーションを使ってストライプを作成する仕組みです。

横のストライプ

`background-size` プロパティで、繰り返すパターンの1つの大きさを指定できます。

CSS

```
.box {
  width: 200px;
  height: 100px;
  background-image: linear-gradient(#795f46 50%, #bee4d7 50%);
  background-size: 100% 30px;
}
```

横幅は `100%` で高さは `30px` を指定すると、`30px` の高さで繰り返しストライプが描画されます。

CSS

```
.box {
  width: 200px;
  height: 100px;
  background-image: linear-gradient(
                    #795f46 33.33333%,  /* 茶色の終点 */
                    #bee4d7 33.33333%,  /* 水色の始点 */
                    #bee4d7 66.66667%,  /* 水色の終点 */
                    #fbf8e5 66.66667%   /* 砂色の始点 */
                    );
  background-size: 100% 40px;
}
```

同様にして、3色のストライプもカラーストップを増やすことで作成できます。3分割するので、`33.33333%` ごとに色を配置します。

SECTION 36 ● ストライプ

縦のストライプ

そのままでは横のストライプになってしまいますが、linear-gradient() 関数の第1引数には方向を指定でき、90deg を指定すると縦のストライプにできます。

CSS

```
.box {
  width: 200px;
  height: 100px;
  background-image: linear-gradient(90deg, #795f46 50%, #bee4d7 50%);
  background-size: 30px 100%;
}
```

background-size プロパティに横幅は 30px で高さは 100% を指定すると、30px の幅で繰り返しストライプが描画されます。

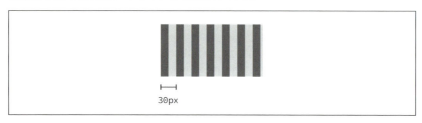

斜めのストライプ

斜めのストライプの場合は単に -45deg 回転させるだけでは描画させることはできません。繰り返すパターンが右にも下にもつながるようにする必要があります。そのために、次のようなパターンを作成します。

このパターンならタイルのように配置しても、つなぎ目なく連結できます。

SECTION 36 ストライプ

CSS

```css
.box {
  width: 200px;
  height: 100px;
  background-image: linear-gradient(
                      -45deg,
                      #795f46 25%,  /* 茶色の終点 */
                      #bee4d7 25%,  /* 水色の始点 */
                      #bee4d7 50%,  /* 水色の終点 */
                      #795f46 50%,  /* 茶色の始点 */
                      #795f46 75%,  /* 茶色の終点 */
                      #bee4d7 75%   /* 水色の始点 */
                    );
  background-size: 30px 30px;
}
```

3色以上ある場合は、両側の色以外に始点と終点のカラーストップを指定する必要があります。これで斜めのストライプを描画できましたが、ブラウザによっては、斜めのグラデーションはギザギザに描画される場合があります。

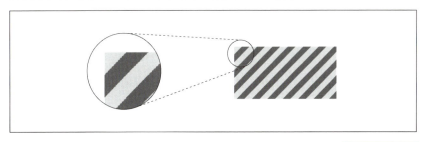

CSS

```css
.box {
  background-image: linear-gradient(
                      -45deg,
                      #795f46 24.95%,  /* 茶色の終点 */
                      #bee4d7 25%,     /* 水色の始点 */
                      #bee4d7 49.95%,  /* 水色の終点 */
                      #795f46 50%,     /* 茶色の始点 */
                      #795f46 74.95%,  /* 茶色の終点 */
                      #bee4d7 75%      /* 水色の始点 */
                    );
}
```

ジャギーを防ぐには色の切り替わるカラーストップを少しずらします。たとえば、茶色から水色へ切り替わるカラーストップを 24.95% から 25% へ変化するように指定することで、0.05% 分はなめらかに変化します。わずかにグラデーションをはさむことでジャギーを防いでいます。

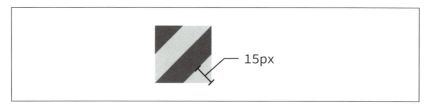

また、横や縦のストライプと違って、background-size プロパティの値から簡単に線幅を推測することはできません。たとえば、線幅を 15px にしたい場合は、45°の直角二等辺三角形の辺の比は $1:1:\sqrt{2}$ なので、$15 \times \sqrt{2}$ となります。これは、正方形の一辺の半分なので2倍すると、$2 \times 15 \times \sqrt{2} = 42.4264068712...$ となります。

CSS

```
.box {
  background-size: 42.42641px 42.42641px;
}
```

background-size プロパティに小数第5位までの 42.42641px を指定すれば、線幅が 15px のストライプを描画できます。

任意の角度のストライプ

linear-gradient() 関数を使った手法では45°のストライプを作成できましたが、45°以外の角度のストライプを作成するのはとても難しいです。45°のストライプと違ってパターンが正方形にはならず、計算がややこしくなってきます。そこで、便利なのが repeating-linear-gradient() 関数です。

```css
.box {
  width: 200px;
  height: 100px;
  background-image: repeating-linear-gradient(
                      -60deg,
                      #795f46,          /* 茶色の始点 */
                      #795f46 15px,     /* 茶色の終点 */
                      #bee4d7 15px,     /* 水色の始点 */
                      #bee4d7 30px      /* 水色の終点 */
                    );
}
```

`repeating-linear-gradient()` 関数を使うことで60°の傾きのストライプを描画できます。`linear-gradient()` 関数と違い、カラーストップがそのまま線幅になるので `background-size` プロパティの値を算出する必要もありません。

記述の簡略化

カラーストップの値がそれ以前のカラーストップの値よりも小さい場合、以前のカラーストップの中で最も大きい値が使われるという仕様があります。これを利用すると、3色の横のストライプの記述を少し簡潔にできます。

```css
.box {
  background-image: linear-gradient(
                      #795f46 33.33333%,
                      #bee4d7 0,          /* 33.33333%が使われる */
                      #bee4d7 66.66667%,
                      #fbf8e5 0           /* 66.66667%が使われる */
                    );
}
```

SECTION 36 ● ストライプ

　ストライプを描画する際に同じカラーストップが連続するので、0 を指定することで直前のカラーストップの値が使われるようになります。カラーストップの値を変更する際に修正する箇所が少なくて済むようになります。

> **COLUMN　複雑な模様**
>
> 　CSSのグラデーションを使えば、ストライプだけでなく複雑な模様を描画することもできます。グラデーションで作られた背景の模様をまとめた「CSS3 Patterns Gallery」というサイトがあります。
>
> ● CSS3 Patterns Gallery
>   URL http://lea.verou.me/css3patterns/

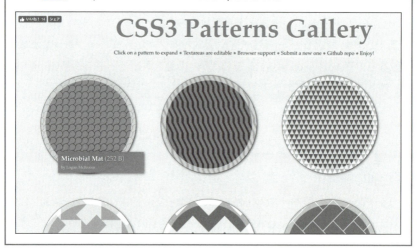

▼ブラウザ対応表

IE	Edge	Firefox	Chrome	Safari	Opera	iOS Safari	Android
10	12	3.6	10	5.1	11.1	5	4

ジグザグ

画像を使わずに、コンテンツの区切り線や見出しなどに応用できるジグザグの形状を作ります。ジグザグな形状を実装するためにはグラデーションをいくつか組み合わせるので少し複雑になってしまいますが、CSSなので色や大きさの変更が容易です。

ジグザグの形状

`.zigzag` の疑似要素 `::before` にジグザグの形状を描画します。 `.inner` にはジグザグの背景色と同じ色を指定しています。

HTML

```html
<div class="zigzag">
  <div class="inner">あのイーハトーヴォの...</div>
</div>
```

CSS

```css
.zigzag {
  margin: auto;
  max-width: 320px;
}
.zigzag::before {
  display: block;
  height: 10px;
  content: '';
  background-image: linear-gradient(
                      to top right,
                      #ffd490 50%,
                      rgba(255, 255, 255, 0) 50%
                    ),
                    linear-gradient(
                      to top left,
                      #ffd490 50%,
                      rgba(255, 255, 255, 0) 50%
                    );
```

```
  background-size: 20px 20px;
}
.inner {
  padding: 1em;
  background-color: #ffd490;
}
```

高さが `10px` の領域にぴったり収まるようなジグザグを描画するために、縦 `20px` 、横 `20px` の正方形を用意します。2つのグラデーションを使います。黄色のグラデーションに着目してみると、右上へ（ `to top right` ） `0%` から `50%` までは黄色（ `#ffd490 50%` ）で、 `50%` 以降は透明（ `rgba(255, 255, 255, 0) 50%` ）で直角三角形が描画されています。同様に桃色の直角三角形を描画すると、上半分にジグザグのテクスチャができていることがわかります。これを水平方向に繰り返すことでジグザグを描画できます。

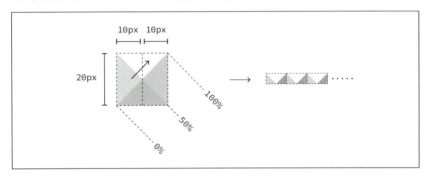

また、グラデーションのジャギーをなくすためにカラーストップを `50%` から `49.9%` へ少しずらしています。

CSS

```
.zigzag::before {
  background-image: linear-gradient(
                      to top right,
                      #ffd490 49.9%,
                      rgba(255, 255, 255, 0) 50%
                    ),
                    linear-gradient(
                      to top left,
```

```
          #ffd490 49.9%,
          rgba(255, 255, 255, 0) 50%
        );
}
```

表示を確認してみると、次のようにジグザグが描画されていることがわかります。

同じように下側にも疑似要素 `::after` を使ってジグザグを描画してみます。

CSS

```
.zigzag::after {
  display: block;
  height: 10px;
  content: '';
  background-image: linear-gradient(
                      to bottom right,
                      #ffd490 49.9%,
                      rgba(255, 255, 255, 0) 50%
                    ),
                    linear-gradient(
                      to bottom left,
                      #ffd490 49.9%,
                      rgba(255, 255, 255, 0) 50%
                    );
  background-size: 20px 20px;
  background-position: 0 100%;
}
```

上側のジグザグと違うのは、グラデーションの描画する向きです。黄色のグラデーションに着目すると、右下方向(`to bottom right`)になっています。また、上半分はジグザグを描画するために必要ないので、`background-position` を `0 100%` にして、下半分が描画されるようにします。

SECTION 37 ● ジグザグ

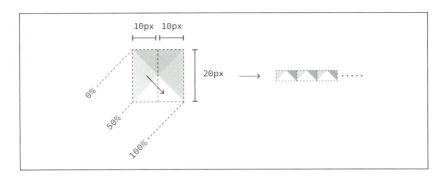

　表示を確認してみると、次のように上下にジグザグが描画されていることがわかります。

ジグザグな線

　ジグザグな線は4つのグラデーションを組み合わせて作ります。

HTML

```
<div class="zigzag">
  <div class="inner">あのイーハトーヴォの...</div>
</div>
```

CSS

```
.zigzag {
  margin: auto;
  max-width: 320px;
}
.zigzag::before {
  display: block;
  height: calc(10px + 2.828243px);
  content: '';
  background-image: linear-gradient(
                      to bottom left,
```

```
                    rgba(255, 255, 255, 0) 75%,
                    #339af0 75%,
                    #339af0 calc(75% + 2px),
                    rgba(255, 255, 255, 0) calc(75% + 2px)
                  ),
                  linear-gradient(
                    to bottom right,
                    rgba(255, 255, 255, 0) 75%,
                    #339af0 75%,
                    #339af0 calc(75% + 2px),
                    rgba(255, 255, 255, 0) calc(75% + 2px)
                  ),
                  linear-gradient(
                    to bottom left,
                    #339af0 2px,
                    rgba(255, 255, 255, 0) 2px
                  ),
                  linear-gradient(
                    to bottom right,
                    #339af0 2px,
                    rgba(255, 255, 255, 0) 2px
                  );
  background-position: 0 calc(100% - 2.82843px),
                       0 calc(100% - 2.82843px),
                       10px calc(100% - 2.82843px),
                       10px calc(100% - 2.82843px);
  background-size: 20px 20px;
}
.inner {
  padding: 1em 0;
}
```

　`.zigzag` の疑似要素 `::before` にジグザグな線を描画します。線幅は `2px` とすると、橙色の三角形は直角二等辺三角形なので、斜辺の長さは $2\sqrt{2}$ より、`2.82843px` となります。

　そのため、`height` プロパティに `calc(10px + 2.82843px)` と指定しています。

青色のグラデーションに着目すると、左下方向(`to bottom left`)に 75% までは透明(`rgba(255, 255, 255, 0) 75%`)で 75% から 75% に線幅の `2px` を足した範囲までは青色(`339af0 75%, #339af0 calc(75% + 2px)`)、それ以降は透明(`rgba(255, 255, 255, 0) calc(75% + 2px)`)になっています。

同じように緑色のグラデーションを描画するとV字型になります。`background-position` に `0 calc(100% - 2.82843px)` を指定して、下から `2.82843px` で描画されるようにします。

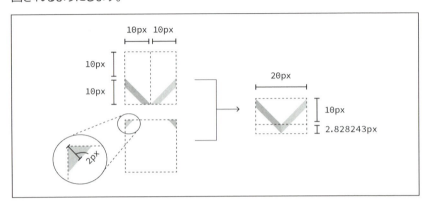

しかし、V字の下部分が途切れてしまっているので、橙色と赤色の2つのグラデーションを使って補います。左上と右上に線幅と同じ `2px` の高さの三角形を描画します。`background-position` プロパティに `10px calc(100% - 2.82843px)` を指定して2つの三角形がV字型にフィットするようにします。また、グラデーションのジャギーをなくすためにカラーストップを微調整します。

CSS

```
.zigzag::before {
  background-image: linear-gradient(
          to bottom left,
          rgba(255, 255, 255, 0) 74.9%,
          #ffd490 75%,
          #ffd490 calc(75% + 2px),
          rgba(255, 255, 255, 0) calc(75.1% + 2px)
        ),
        linear-gradient(
          to bottom right,
          rgba(255, 255, 255, 0) 74.9%,
```

```
      #ffd490 75%,
      #ffd490 calc(75% + 2px),
      rgba(255, 255, 255, 0) calc(75.1% + 2px)
    ),
    linear-gradient(
      to bottom left,
      #ffd490 1.99px,
      rgba(255, 255, 255, 0) 2px
    ),
    linear-gradient(
      to bottom right,
      #ffd490 1.99px,
      rgba(255, 255, 255, 0) 2px
    );
}
```

表示を確認してみると、次のようになります。

あのイーハトーヴォのすきとおった風、夏でも底に冷たさをもつ青いそら、うつくしい森で飾られたモリーオ市、郊外のぎらぎらひかる草の波。

同様にして下側にもジグザグな線を引きます。

CSS

```
.zigzag::after {
  display: block;
  height: calc(10px + 2.828243px);
  content: '';
  background-image: linear-gradient(
            to top left,
            rgba(255, 255, 255, 0) 74.9%,
            #339af0 75%,
            #339af0 calc(75% + 2px),
            rgba(255, 255, 255, 0) calc(75.1% + 2px)
          ),
          linear-gradient(
            to top right,
            rgba(255, 255, 255, 0) 74.9%,
```

SECTION 37 ● ジグザグ

```
              #339af0 75%,
              #339af0 calc(75% + 2px),
              rgba(255, 255, 255, 0) calc(75.1% + 2px)
            ),
            linear-gradient(
              to top left,
              #339af0 1.99px,
              rgba(255, 255, 255, 0) 2px
            ),
            linear-gradient(
              to top right,
              #339af0 1.99px,
              rgba(255, 255, 255, 0) 2px
            );
  background-position: 0 2.828243px,
                       0 2.828243px,
                       50% 2.828243px,
                       50% 2.828243px;
  background-size: 20px 20px;
}
```

少し複雑ですが、すべてのパーツが斜め45°のグラデーションで構成されているので1つのグラデーションの作り方を理解すればすべて理解できると思います。

> あのイーハトーヴォのすきとおった風、夏でも底に冷たさをもつ青いそら、うつくしい森で飾られたモリーオ市、郊外のぎらぎらひかる草の波。

SECTION 37 ■ ジグザグ

COLUMN 複雑な形状の影

要素に影を付ける場合には box-shadow プロパティを使いますが、《角の切り落とし》(213ページ)のような図形では、形状に沿って影が描画されません。

box-shadow プロパティでは矩形に沿った影が描画されます。

CSS

```
.box {
  filter: drop-shadow(0 0 8px rgba(0, 0, 0, .5));
}
```

そこで、filter プロパティに指定できる drop-shadow() 関数を使います。基本的に box-shadow プロパティの構文と同じですが、広がり半径や内側の影の inset、影の複数指定ができない違いがあります。

▼ブラウザ対応表

IE	Edge	Firefox	Chrome	Safari	Opera	iOS Safari	Android
10	12	18	19	6	15	6	4.4

SECTION 38 斜めの区切り

近年、斜めを生かしたWebサイトが増えてきました。コンテンツの区切りを斜めにすることで、印象をガラッと変えられます。

「skew()」を使った手法

疑似要素に対して `skew()` 関数を使って重ねます。

HTML

```html
<div class="angled-edges">あのイーハトーヴォの...</div>
```

CSS

```css
.angled-edges {
  position: relative;
  background-color: #5ec58b;
}
.angled-edges::after {
  position: absolute;
  left: 0;
  bottom: 0;
  width: 100%;
  height: 50%;
  content: '';
  background-color: inherit;
  transform: skewY(-3deg);
  transform-origin: 100% 100%;
  z-index: -1;
}
```

`skewY()` 関数で3°傾けた平行四辺形を絶対配置で重ねています。`transform-origin` プロパティには右下を基準に変形されるように `100% 100%` を指定し、`z-index` プロパティに `-1` を指定して文字の背面に配置されるようにします。

SECTION 38 ■ 斜めの区切り

あのイーハトーヴォのすきとおった風、夏でも底に冷たさをもつ青いそら、うつくしい森で飾られたモリーオ市、郊外のぎらぎらひかる草の波。

📝 「clip-path」を使った手法

疑似要素に clip-path プロパティを使って切り抜きます。

HTML

```html
<div class="angled-edges">あのイーハトーヴォの...</div>
```

CSS

```css
.angled-edges {
  position: relative;
  background-color: #5ec58b;
}
.angled-edges::after {
  position: absolute;
  left: 0;
  bottom: 0;
  width: 100%;
  height: 100px;
  content: '';
  background: inherit;
  clip-path: polygon(0 50%, 100% 50%, 0 100%);
  transform: translateY(50%);
  z-index: -1;
}
```

　疑似要素 ::after で height プロパティに 100px を指定し、transform プロパティに translateY(50%) を指定して 50px 下に移動させます。矩形と三角形をぴったり配置してしまうと、つなぎ目にわずかな隙間ができることがあるので、あえて重なり合うように配置します。

SECTION 38 ● 斜めの区切り

> あのイーハトーヴォのすきとおった風、夏でも底に冷たさをもつ青いそら、うつくしい森で飾られたモリーオ市、郊外のぎらぎらひかる草の波。

しかし、疑似要素 `::after` の高さを固定してしまうと、次のように画面幅によって角度が変わってしまいます。

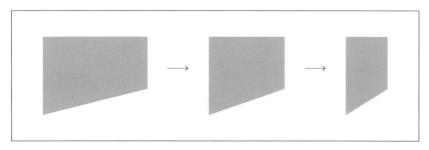

そこで、《アスペクト比の固定》(155ページ)のテクニックを使うことで、どの画面幅でも同じ角度で表示させられます。 `skew()` を使った手法と同じように3°傾けるには三角関数を使います。

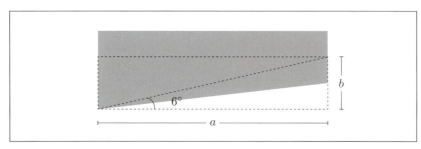

アスペクト比を固定するには、横幅に対する縦幅の比率を求める必要があります。対角線を引くと、角度は2倍となるので6°になります。

三角関数を使うと、次の関係式が成り立ちます。

$$\tan 6° = \frac{b}{a}$$

両辺に100を掛けると、次の式になります。

$$\tan 6° \times 100 = \frac{b}{a} \times 100$$

右辺に着目すると、アスペクト比の固定をするときに `padding-top` プロパティに指定した式と一致します。つまり、$\tan 6° \times 100 = 10.4528463268...$の値をそのまま `padding-top` プロパティに指定すればアスペクト比を固定できます。

CSS

```css
.angled-edges {
  position: relative;
  background-color: #5ec58b;
}
.angled-edges::after {
  position: absolute;
  left: 0;
  bottom: 0;
  padding-top: 10.45285%;
  width: 100%;
  content: '';
  background: inherit;
  clip-path: polygon(0 50%, 100% 50%, 0 100%);
  transform: translateY(50%);
  z-index: -1;
}
```

`height` プロパティの代わりに `padding-top` プロパティを使って高さを確保します。これで、どの画面幅でも同じ傾きにできます。

SECTION 38 ● 斜めの区切り

✏️ SVGを使った手法

`clip-path` プロパティの代わりにSVGで図形を描画して背景に指定します。

HTML

```html
<div class="angled-edges">あのイーハトーヴォの...</div>
```

CSS

```css
.angled-edges {
  position: relative;
  background-color: #5ec58b;
}
.angled-edges::after {
  position: absolute;
  left: 0;
  bottom: 0;
  padding-top: 10.45285%;
  width: 100%;
  content: '';
  background-image: url(data:image/svg+xml;base64,PHN2ZyB4bWxucz0iaHR0cDov
L3d3dy53My5vcmcvMjAwMC9zdmciIHZpZXdCb3g9IjAgMCAxMDAgMTAwIiBwcmVzZXJ2ZUFzcG
VjdFJhdGlvPSJub25lIj4gICA8cG9seWdvbiBwb2ludHM9IjAsNTAgMTAwLDUwIDAsMTAwIiBm
aWxsPSIjNWVjNThiIi8+IDwvc3ZnPg==);
  background-size: 100% 100%;
  background-repeat: no-repeat;
  transform: translateY(50%);
  z-index: -1;
}
```

アスペクト比が固定されるように、先ほどとと同じく `padding-top` プロパティに `10.45285%` を指定しています。

HTML

```html
<svg xmlns="http://www.w3.org/2000/svg" viewBox="0 0 100 100"
  preserveAspectRatio="none">
  <polygon points="0,50 100,50 0,100" fill="#5ec58b"/>
</svg>
```

SECTION 38 ■ 斜めの区切り

　`background-image` プロパティに指定しているSVGは `polygon` 要素で3点を定義した三角形です。`preserveAspectRatio` 属性を `none` にすることで、要素に合わせて伸縮するようになります。`background-image` プロパティの `url()` 関数に指定するときには、Base64でエンコードします。`data:image/svg+xml;base64,` に続けてエンコードした文字を記述すれば、SVGを表示できます。

あのイーハトーヴォのすきとおった風、夏でも底に冷たさをもつ青いそら、うつくしい森で飾られたモリーオ市、郊外のぎらぎらひかる草の波。

▼ブラウザ対応表(「skew()」を使った手法)

IE	Edge	Firefox	Chrome	Safari	Opera	iOS Safari	Android
9	12	3.5	4	3	10.6	3	2.1

▼ブラウザ対応表(「clip-path」を使った手法)

IE	Edge	Firefox	Chrome	Safari	Opera	iOS Safari	Android
-	-	59	24	7	15	7	4.4

▼ブラウザ対応表(SVGを使った手法)

IE	Edge	Firefox	Chrome	Safari	Opera	iOS Safari	Android
9	12	4	4	3	10.6	3	2.1

SECTION 39 円グラフ

円グラフはさまざまな場面で使われており、複雑な円グラフはJavaScriptライブラリを使って描画できます。しかし、単純に色分けされただけの円グラフならCSSだけで表現できます。

疑似要素を使った手法

疑似要素を `transform` プロパティの `rotate()` 関数を使って回転させます。例として、20% のパイを描画します。

HTML

```html
<div class="graph">
  <div class="pie percent-20"></div>
</div>
```

CSS

```css
.graph {
  position: relative;
  width: 150px;
  height: 150px;
  border-radius: 50%;
  background-color: #263544;
}
```

まずは、円を描画します。

SECTION 39 ■ 円グラフ

CSS

```
.pie {
  position: absolute;
  top: 0;
  left: 50%;
  width: 50%;
  height: 100%;
  border-radius: 0 100% 100% 0 / 50%;
  overflow: hidden;
}
```

`.pie` を円の右半分に配置します。

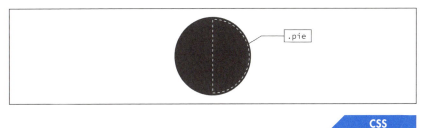

CSS

```
.pie::before {
  position: absolute;
  top: 0;
  left: -100%;
  width: 100%;
  height: 100%;
  content: '';
  transform-origin: 100% 50%;
}
.percent-20::before {
  background-color: #45aaee;
}
```

`.pie` の疑似要素 `::before` を円の左半分に配置します。このとき、親要素の `.pie` では overflow プロパティに hidden が指定されているため、疑似要素 `::before` は実際には見えません。

SECTION 39 ● 円グラフ

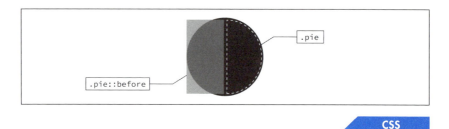

CSS

```
.percent-20::before {
  transform: rotate(108deg);   /* 20% × 3.6 = 108deg */
}
```

最後に transform プロパティに rotate() 関数を使って回転させる角度を指定します。20% の割合のパイにしたいので、20 に 3.6 を掛けた値である 108deg を指定します。また、turn 単位を使えば、rotate(.2turn) とより直感的に指定できます。

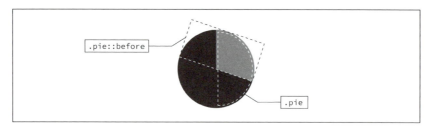

しかし、60% のパイを表示させてみると、次のようになります。

疑似要素 ::before は半円なので、それを超える 60% のパイには対応できません。そこで、50% より大きい場合は少しCSSを変更する必要があります。

SECTION 39 ■ 円グラフ

HTML

```html
<div class="graph">
  <div class="pie percent-60"></div>
</div>
```

CSS

```css
.graph {
  position: relative;
  width: 150px;
  height: 150px;
  border-radius: 50%;
  background-color: #263544;
}
.pie {
  position: absolute;
  top: 0;
  left: 50%;
  width: 50%;
  height: 100%;
  border-radius: 0 100% 100% 0 / 50%;
  overflow: hidden;
}
.pie::before {
  position: absolute;
  top: 0;
  left: -100%;
  width: 100%;
  height: 100%;
  content: '';
  transform-origin: 100% 50%;
}
.percent-60 {
  left: 0;
  width: 100%;
  border-radius: 50%;
  transform-origin: 50% 50%;
}
.percent-60::before {
  left: 0;
  width: 50%;
```

SECTION 39 ● 円グラフ

```
    background-color: #45aaee;
    transform: rotate(216deg);  /* 60% × 3.6 = 216deg */
  }
  .percent-60::after {
    position: absolute;
    top: 0;
    left: 50%;
    width: 50%;
    height: 100%;
    content: '';
    background-color: #45aaee;
  }
```

疑似要素 ::before で右半分の半円を、::after で残りの 10% 分を表現します。

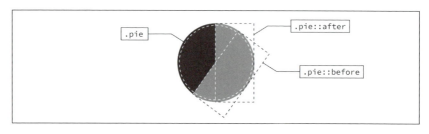

また、.pie を増やすことで、複数のパイがある円グラフを描画できます。

HTML

```
<div class="graph">
  <div class="pie percent-40"></div>
  <div class="pie percent-35"></div>
  <div class="pie percent-25"></div>
</div>
```

CSS

```
.graph {
  position: relative;
  width: 150px;
  height: 150px;
  border-radius: 50%;
```

```css
  background-color: #263544;
}
.pie {
  position: absolute;
  top: 0;
  left: 50%;
  width: 50%;
  height: 100%;
  border-radius: 0 100% 100% 0 / 50%;
  transform-origin: 0% 50%;
  overflow: hidden;
}
.pie::before {
  position: absolute;
  top: 0;
  left: -100%;
  width: 100%;
  height: 100%;
  content: '';
  transform-origin: 100% 50%;
}
.percent-40::before {
  background-color: #45aaee;
  transform: rotate(144deg);   /* 40% × 3.6 = 144deg */
}
.percent-35 {
  transform: rotate(144deg);   /* 開始角度 */
}
.percent-35::before {
  background-color: #26cb75;
  transform: rotate(126deg);   /* 35% × 3.6 = 126deg */
}
.percent-25 {
  transform: rotate(270deg);   /* 開始角度 */
}
.percent-25::before {
  background-color: #ed4432;
  transform: rotate(90deg);    /* 25% × 3.6 = 90deg */
}
```

2番目の `.pie` からは開始角度を指定する必要があります。2番目のパイは `40%` から始まるので `144deg` を指定し、3番目のパイは `75%` から始まるので `270deg` を指定しています。

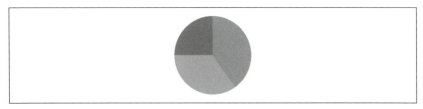

「conic-gradient()」を使った手法

対応ブラウザはまだ少ないですが、`conic-gradient()` 関数を使うと円錐状のグラデーションを描画できます。

HTML

```html
<div class="graph"></div>
```

CSS

```css
.graph {
  position: relative;
  width: 150px;
  height: 150px;
  border-radius: 50%;
  background-image: conic-gradient(
                      #45aaee 108deg,   /* 青色の終点 */
                      #263544 108deg    /* 黒色の始点 */
                    );
}
```

《ストライプ》(229ページ)で解説したように、カラーストップの値を同じにすることで色が切り替わるようになります。

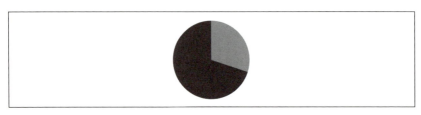

```
.graph {
  background-image: conic-gradient(
                #45aaee 144deg,   /* 青色の終点 */
                #26cb75 144deg,   /* 緑色の始点 */
                #26cb75 270deg,   /* 緑色の終点 */
                #ed4432 270deg    /* 赤色の始点 */
              );
}
```

また、複数の値を指定すればパイがいくつあっても対応できます。グラデーションを使うと1つの要素だけで表現できるのでとても便利です。

COLUMN 集中線

`repeating-conic-gradient()` 関数を使えば、集中線を描画することもできます。

```
body {
  background-image: repeating-conic-gradient(
                transparent,
                transparent 15deg,
                #000 15deg,
                #000 18deg
              ),
              repeating-conic-gradient(
                transparent,
                transparent 22deg,
                #000 22deg,
                #000 24deg
```

SECTION 39 ● 円グラフ

```
    ),
    repeating-conic-gradient(
      transparent,
      transparent 6deg,
      #000 6deg,
      #000 8deg
    );
}
```

複数組み合わせることで、線の太さにランダム性を持たせています。

▼ブラウザ対応表(疑似要素を使った手法)

IE	Edge	Firefox	Chrome	Safari	Opera	iOS Safari	Android
9	12	4	24	6	15	6	4.4

▼ブラウザ対応表(「conic-gradient()」を使った手法)

IE	Edge	Firefox	Chrome	Safari	Opera	iOS Safari	Android
-	-	-	69	-	-	-	67

SECTION 40 曇りガラス

AppleのMacやiOSのUIでは背景をぼかした半透明な曇りガラスが使われています。曇りガラスはWindowsにも取り入れられて、よく目にするエフェクトとなりました。Web上でもCSSを使って曇りガラスを表現できます。

「blur()」を使った手法

まずは、`body` 要素に画面全体の背景画像を指定します。

CSS

```css
body {
  background-image: url(https://picsum.photos/1920/1080?image=1043);
  background-position: center;
  background-size: cover;
  background-attachment: fixed;
  background-repeat: no-repeat;
}
```

`background-attachment` プロパティに `fixed` を指定すると、スクロールしても背景画像の位置が動かなくなります。

HTML

```html
<div class="box">...</div>
```

CSS

```css
.box {
  position: relative;
  margin: auto;
  max-width: 400px;
  background-color: rgba(255, 255, 255, .1);
}
.box::before {
  position: absolute;
  top: 0;
  left: 0;
```

```
    right: 0;
    bottom: 0;
    content: '';
    background-image: url(https://picsum.photos/1920/1080?image=1043);
    background-position: center;
    background-size: cover;
    background-attachment: fixed;
    background-repeat: no-repeat;
    filter: blur(18px);
    z-index: -1;
  }
```

　`.box` を左右中央揃えにして、背景をぼかしたときに少し明るくなるように `background-color` プロパティに半透明の白色を指定しておきます。

　`.box` の疑似要素 `::before` では、`body` 要素の背景画像と同じものを指定して、`filter` プロパティに `blur(18px)` を指定してぼかしをかけます。`body` 要素と `.box::before` の `background-attachment` プロパティに `fixed` を指定することにより、背景画像の位置がちょうど重なるようになっています。

　また、`z-index` プロパティに `-1` を指定して文字の背面に配置されるようにしています。ブラウザで表示を確認すると、次のようになります。

　曇りガラスになっているのが確認できますが、縁に着目してみるとぼかしが薄くなっています。これは、`box-shadow` プロパティの影と同じで、外側にいくにつれてぼかしが弱くなるためです。

```css
.box {
  overflow: hidden;
}
.box::before {
  margin: -25px;
}
```

　.box::before で filter プロパティの blur(18px) より少し大きめの値をネガティブマージンに指定して外側の範囲を広げます。そして、.box で overflow プロパティに hidden を指定して広げてはみ出した分を非表示にします。すると、次のように外側までぼかしがかかった状態になります。

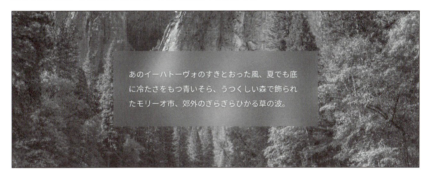

「backdrop-filter」を使った手法

　実験段階の backdrop-filter プロパティを使うとより簡単に曇りガラスを実装できます。

```html
<div class="box">...</div>
```

```css
body {
  background-image: url(https://picsum.photos/1920/1080?image=1043);
  background-position: center;
  background-size: cover;
  background-repeat: no-repeat;
}
```

SECTION 40 ● 曇りガラス

```
.box {
  margin: auto;
  max-width: 400px;
  background-color: rgba(255, 255, 255, .1);
  backdrop-filter: blur(18px);
}
```

曇りガラス効果を付けたい要素で `backdrop-filter` プロパティの値に `blur(18px)` と指定すれば、たったそれだけで表現できます。また、`blur()` 関数によるぼかしの多用はパフォーマンスに影響することがあるので注意が必要です。

▼ブラウザ対応表(「blur()」を使った手法)

IE	Edge	Firefox	Chrome	Safari	Opera	iOS Safari	Android
-	-	35	39	6	26	6	4.4

▼ブラウザ対応表(「backdrop-filter」を使った手法)

IE	Edge	Firefox	Chrome	Safari	Opera	iOS Safari	Android
-	17	-	-	9	-	9	-

CHAPTER 5

ユーザーエクスペリエンス

マウスカーソル

CSSでカーソルの形状を変えるには cursor プロパティを使います。cursor プロパティには色々な値を指定でき、状況に応じて適切なカーソルを指定することでユーザーエクスペリエンスの向上にもつながります。

カーソルの種類

cursor プロパティにはいろいろな値が用意されています。

形状	値	説明
	auto	初期値で、表示されるカーソルは状況に応じて変わる。たとえば、リンクにマウスホバーしたときにはpointerになる
▶	default	矢印が表示される
🖑	pointer	主にリンクで使われる
I	text	テキストが選択可能であることを表す
▶➕	copy	コピーできることを表す
✥	move	移動できることを表す
?	help	ヘルプが利用可能であることを表す
🔍	zoom-in	拡大可能であることを表す
🔍	zoom-out	縮小可能であることを表す
🖐	grab	ドラッグ可能なことを表す
✊	grabbing	ドラッグされようとしていることを表す
▶🚫	no-drop	ドロップできない領域であることを表す
▶🚫	not-allowed	操作が受け付けられないことを表す

SECTION 41 ■ マウスカーソル

形状	値	説明
	none	カーソルは表示されない
	wait	重いプログラムが動作しているときに、ユーザーによる操作が不可能であることを表す
	progress	バックグラウンドで重いプログラムが動作しているときに、ユーザーによる操作が不可能であることを表す
+	crosshair	選択範囲を選択することを表す
⋈	vertical-text	縦書きのテキストが選択可能であることを表す
	context-menu	コンテキストメニューが利用できることを表す
✥	cell	表のセルが選択可能であることを表す
↗	alias	ショートカットが作成されることを表す
↑	n-resize	辺が上に移動可能であることを表す
↗	ne-resize	辺が右上に移動可能であることを表す
→	e-resize	辺が右に移動可能であることを表す
↘	se-resize	辺が右下に移動可能であることを表す
↓	s-resize	辺が下に移動可能であることを表す
↙	sw-resize	辺が左下に移動可能であることを表す
←	w-resize	辺が左に移動可能であることを表す
↖	nw-resize	辺が左上に移動可能であることを表す
↕	ns-resize	上下にサイズ変更可能であることを表す
↔	ew-resize	左右にサイズ変更可能であることを表す
↗	nesw-resize	斜めにサイズ変更可能であることを表す
↖	nwse-resize	斜めにサイズ変更可能であることを表す

形状	値	説明
↔	col-resize	幅が変更可能であることを表す
↕	row-resize	高さが変更可能であることを表す
✢	all-scroll	全方向にスクロール可能であることを表す

なお、一部の値は対応していないブラウザがあるので注意が必要です。

- cursor - MDN

    URL https://developer.mozilla.org/ja/docs/Web/CSS/cursor#Browser_compatibility

カーソルの消去

カーソルを消したい場合には cursor プロパティに none を指定します。

HTML

```html
<div class="area"></div>
```

CSS

```css
.area:hover {
  cursor: none;
}
```

マウスホバーすると、.area 内ではカーソルが消えます。

カーソルに画像を指定する

cursor プロパティには画像を指定することもでき、自由にカーソルをカスタマイズできます。次のような cursor.png を用意し、カーソルに適用してみます。

cursor プロパティに画像を指定するときは url() 関数内に画像へのパスを記述します。

CSS

```
.area {
  margin: auto;
  width: 300px;
  height: 100px;
  border: 1px dashed #000;
}
.area {
  cursor: url(cursor.png), auto;
}
```

url() で指定した画像が読み込まれなかったときのために、必ずカンマ区切りであらかじめ用意されている値を指定しておきます。ここでは auto を指定しています。そして .area 内にマウスホバーすると指定した画像のカーソルが表示されます。ただし、.area 内に入ったかどうかはカーソルの左上を基準に判定されるため、右側と下側では次のように少し早めにカーソルが表示されます。

また、IEやEdgeでは png などの画像形式に対応していないため、cur 形式のファイルを用意する必要があります。png を cur 形式に変換するためにConvertioというWebサービスを使います。

- **Convertio**
  URL https://convertio.co/ja/vector-converter/

　［コンピュータから］ボタンをクリックして、変換したい `cursor.png` ファイルを選択します。

　変換後のファイル形式で［CUR］を選択し、［変換］ボタンをクリックします。

　変換が終わると［ダウンロード］ボタンが表示されるのでクリックするとダウンロードできます。

CSS

```
.area {
  cursor: url(cursor.cur), auto;
}
```

そして cursor.cur ファイルを指定すると、IEやEdgeでもカーソルに画像を表示できます。

▼ブラウザ対応表（カーソルの消去）

IE	Edge	Firefox	Chrome	Safari	Opera	iOS Safari	Android
9	12	3	5	5	15	-	-

▼ブラウザ対応表（カーソルに画像を指定する）

IE	Edge	Firefox	Chrome	Safari	Opera	iOS Safari	Android
6	12	4	1	3	15	-	-

SECTION 42 テーブルのハイライト

　行数や列数の多いテーブルになると、見ているセルがどの行や列に属するかわかりにくいことがあります。そのような場合に、セルにホバーしたら行と列をハイライトする手法があります。

列のハイライトには疑似要素を活用

　行のハイライトは `tr` 要素に対して背景色を指定すればよいので簡単ですが、列のハイライトはDOMの構造上、CSSのセレクタで縦列を指定できません。そこで、`td` 要素の疑似要素を使って縦列のハイライトを実装します。

HTML

```
<table>
  <tr>
    <th></th>
    <th>列1</th>
    <th>列2</th>
    <th>列3</th>
    <th>列4</th>
    <th>列5</th>
  </tr>
  <tr>
    <th>行1</th>
    <td>1-1</td>
    <td>1-2</td>
    <td>1-3</td>
    <td>1-4</td>
    <td>1-5</td>
  </tr>
  ...
</table>
```

CSS

```
tr:hover {
  background-color: #eee;
}
```

行のハイライトは tr:hover で指定できます。行にホバーすると次のようにハイライトされます。

```css
td {
  position: relative;
}
td:hover::before {
  position: absolute;
  top: 0;
  left: 0;
  width: 100%;
  height: 1000px;
  content: '';
  background-color: #eee;
  transform: translateY(-50%);
  z-index: -1;
}
```

　td 要素の position プロパティに relative を指定して絶対配置のための基準要素を定義します。ホバーしたら、td 要素の疑似要素 ::before で縦のハイライトを表示します。 height プロパティの値はテーブルの高さより高くする必要があるため、大きめの値を指定しておくとよいです。また、z-index プロパティの値を -1 にして疑似要素 ::before がテーブルの背後に配置されるようにします。

SECTION 42 ● テーブルのハイライト

	列1	列2	列3	列4	列5
行1	1-1	1-2	1-3	1-4	1-5
行2	2-1	2-2	2-3	2-4	2-5
行3	3-1	3-2	3-3	3-4	3-5
行4	4-1	4-2	4-3	4-4	4-5
行5	5-1	5-2	5-3	5-4	5-5

CSS

```css
table {
  overflow: hidden;
}
```

このままだと縦のハイライトがテーブルの高さをはみ出しているので、`table`要素で `overflow` プロパティに `hidden` を指定してはみ出した部分を非表示にします。

CSS

```css
td:hover {
  background-color: #ddd;
}
```

また、`td` 要素自体をホバーしたときにハイライトの色を少し濃くしておくと、より見やすくなります。

	列1	列2	列3	列4	列5
行1	1-1	1-2	1-3	1-4	1-5
行2	2-1	2-2	2-3	2-4	2-5
行3	3-1	3-2	3-3	3-4	3-5
行4	4-1	4-2	4-3	4-4	4-5
行5	5-1	5-2	5-3	5-4	5-5

```css
tr {
  pointer-events: none;
}
td {
  pointer-events: auto;
}
```

　そして、テーブルの見出し部分をホバーしたときにハイライトされると不自然なので `pointer-events` プロパティを使って無効にします。`tr` 要素で `none` を指定して一旦、ホバーが無効になるようにし、`td` 要素で `auto` を指定することで `td` 要素にはホバーが有効になるようにします。見出し部分は `th` 要素なので、ホバーが無効になります。これで、見出し部分をホバーしてもハイライト表示されなくなります。

テーブルに背景色がある場合

　テーブルの背景色がない場合は簡単に実装できますが、背景色があるとそうはいきません。

```css
table {
  overflow: hidden;
}
tr {
  pointer-events: none;
}
tr:hover {
  background-color: #657088;
}
td {
  position: relative;
  pointer-events: auto;
}
td:hover {
  background-color: #56617a;
}
td:hover::before {
  position: absolute;
```

SECTION 42 ● テーブルのハイライト

```
  top: 0;
  left: 0;
  width: 100%;
  height: 1000px;
  content: '';
  background-color: #657088;
  transform: translateY(-50%);
  z-index: -1;
  pointer-events: none;
}
```

ここまでは背景色がない場合と同じです。しかし、テーブルの背景色があると次のように縦のハイライトがテーブルの背後に配置されてしまいます。

これは、`z-index` プロパティの適用範囲を指定できる重ね合わせ文脈（スタックコンテキスト）で解決できます。縦のハイライトは `z-index` プロパティの値を -1 にして背後に回るようにしていますが、この適用範囲が `table` 要素を超えなければ背後に配置されることはなくなります。重ね合わせ文脈を生成できるCSSプロパティは色々ありますが、`table` 要素に対応しているプロパティは次のようなものがあります。

プロパティ	IE	Edge	Firefox	Chrome	Safari	Opera
perspective: 1px;	11	–	30	15	5.1	15
filter: blur(0);	–	13	35	19	6	15

`perspective` プロパティの値に `0` または `none` 以外を指定すると重ね合わせ文脈を生成します。また、`filter` プロパティの値に `none` 以外を指定すると重ね合わせ文脈を生成します。ここでは文字数の少ない `blur(0)` を指定しています。対応ブラウザを確認すると `perspective` と `filter` プロパティを組み合わせればほぼすべてのブラウザに対応できることがわかります。

　重ね合わせ文脈を生成する他のCSSプロパティについてはMDNのページを見るとよいです。

- **重ね合わせ文脈**
    - URL https://developer.mozilla.org/ja/docs/Web/Guide/CSS/Understanding_z_index/The_stacking_context

CSS

```
table {
  filter: blur(0);
  perspective: 1px;
}
```

　`table` 要素に対して重ね合わせ文脈を生成するCSSを記述します。すると、次のようにテーブルの背後に回らなくなります。

	列1	列2	列3	列4	列5
行1	1-1	1-2	1-3	1-4	1-5
行2	2-1	2-2	2-3	2-4	2-5
行3	3-1	3-2	3-3	3-4	3-5
行4	4-1	4-2	4-3	4-4	4-5
行5	5-1	5-2	5-3	5-4	5-5

COLUMN 電話番号リンクの無効化

スマートフォンやタブレットでは電話番号のリンクをタップするとすぐに電話をかけられるので便利ですが、パソコンのときには動作させたくない場合があります。

HTML

```
<a href="tel:XXX-XXXX-XXXX">...</a>
```

CSS

```
@media (min-width: 768.02px) and (hover: hover) {
  a[href^="tel:"] {
    pointer-events: none;
  }
}
```

《「未満」のメディアクエリ》(42ページ)と《メディア特性》(38ページ)の手法を使って、768px より広い画面幅でホバー可能である場合、`pointer-events` プロパティを使ってリンクを無効化しています。

▼ブラウザ対応表

IE	Edge	Firefox	Chrome	Safari	Opera	iOS Safari	Android
11	12	30	15	5.1	15	-	-

SECTION 43 レスポンシブテーブル

　スマートフォンは縦長のデバイスなので、テーブルの項目が多いと非常に見にくくなってしまいます。スマートフォンでも見やすいようにするためにはいくつか方法があります。CSSだけで実装するので、どうしてもデメリットが出てきてしまいます。そのため、状況に応じて使い分ける必要があります。

行ごとのグループ化

　スマートフォンでは行ごとにまとめて1列で表示させる手法です。

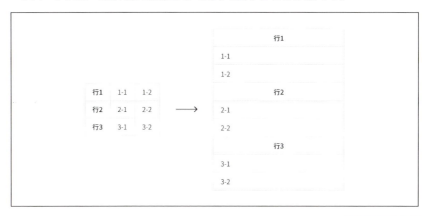

HTML

```
<table>
  <tr>
    <th>行1</th>
    <td>1-1</td>
    <td>1-2</td>
  </tr>
  ...
</table>
```

SECTION 43 ● レスポンシブテーブル

CSS

```css
table {
  border-collapse: collapse;
}
th, td {
  padding: .5em 1.1em;
  border: 1px solid #dfe2e5;
}
th {
  background-color: #f9fafb;
}
@media (max-width: 420px) {
  table {
    width: 100%;
    border-collapse: separate;
    border-spacing: 0;
    border: 1px solid #dfe2e5;
  }
  th, td {
    display: block;
    border: 0;
  }
  tr:not(:first-child) th, td {
    border-top: 1px solid #dfe2e5;
  }
}
```

`th` と `td` 要素の `display` プロパティに `block` を指定して縦に並べています。会社概要など列数が少ないテーブルで使うことが多いです。

行ごとのグループ化と列の見出し

先ほどと同じでスマートフォンでは縦に並べる手法で、それに加えて列の見出しを表示させます。

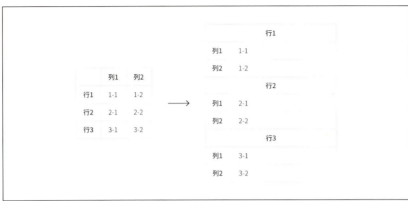

HTML

```
<table>
  <tr>
    <th></th>
    <th>列1</th>
    <th>列2</th>
  </tr>
  <tr>
    <th>行1</th>
    <td data-heading="列1">1-1</td>
    <td data-heading="列2">1-2</td>
  </tr>
  ...
</table>
```

CSS

```
table {
  border-collapse: collapse;
}
th, td {
  padding: .5em 1.1em;
  border: 1px solid #dfe2e5;
}
```

SECTION 43 ● レスポンシブテーブル

```css
th {
  background-color: #f9fafb;
}
@media (max-width: 420px) {
  table {
    width: 100%;
    border-collapse: separate;
    border-spacing: 0;
    border: 1px solid #dfe2e5;
  }
  tr:first-child {
    display: none;
  }
  th, td {
    box-sizing: border-box;
    display: table;
    table-layout: fixed;
    padding: .5em 1.1em;
    width: 100%;
    border: 0;
  }
  tr + tr + tr th, td {
    border-top: 1px solid #dfe2e5;
  }
  td::before {
    display: table-cell;
    width: 4em;
    content: attr(data-heading);
    font-weight: bold;
  }
}
```

スマートフォンでは列の見出しを表示させるために `data-*` 属性を使います。`td` の疑似要素 `::before` で `data-heading` 属性の値を取得して列の見出しを表示させています。また、《ぶら下げインデント》(58ページ)の手法を使って複数行になっても対応するようにしています。この手法はHTMLに何度も `data-*` 属性で列の見出しを記述しなければならないのが難点です。

行ごとのグループ化と複製

列の見出しを `data-*` 属性で定義するのは少し面倒なので、`text-shadow` プロパティを使って複製する手法です。

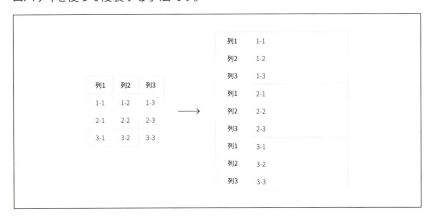

HTML

```
<table>
  <thead>
    <tr>
      <th>列1</th>
      <th>列2</th>
      <th>列3</th>
    </tr>
  </thead>
  <tbody>
    <tr>
      <td>1-1</td>
      <td>1-2</td>
      <td>1-3</td>
    </tr>
    ...
  </tbody>
</table>
```

CSS

```
table {
  border-collapse: collapse;
}
```

SECTION 43 ● レスポンシブテーブル

```css
th, td {
  padding: .5em 1.1em;
  border: 1px solid #dfe2e5;
}
th {
  background-color: #f9fafb;
}
@media (max-width: 420px) {
  table {
    display: flex;
    width: 100%;
    border-collapse: separate;
    border-spacing: 0;
    border: 1px solid #dfe2e5;
  }
  thead {
    width: 5em;
    text-shadow: 0 7.8em,
                 0 15.6em;
  }
  tbody {
    flex: 1;
  }
  thead, tbody, tr {
    display: block;
  }
  tr:not(:first-child) td:first-child {
    border-top: 1px solid #dfe2e5;
  }
  th, td {
    display: block;
    padding: .5em 1.1em;
    border: 0;
  }
  th {
    background: none;
  }
}
```

列の見出しがない場合は、text-shadow プロパティを使って列の見出しを複製できます。 thead 要素の text-shadow プロパティの値に行数だけ指定します。たとえば、0 7.8em は下方向に 7.8em ずらして複製するという意味ですが、7.8em は line-height（ここでは 1.6）とセルの上下の padding（.5em）を合わせた値に列数（3）をかけた値となっています。計算が面倒ですが、HTMLに無駄な記述が必要ないのが利点です。

列ごとのグループ化

スマートフォンでは列ごとにまとめて1列で表示させる手法です。

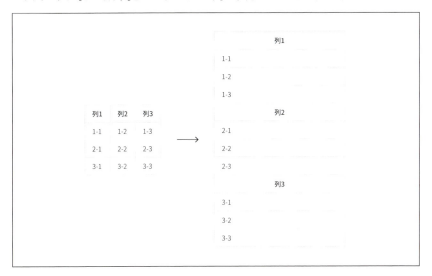

HTML

```
<table>
  <tr>
    <th>列1</th>
    <th>列2</th>
    <th>列3</th>
  </tr>
  <tr data-heading="列1">
    <td>1-1</td>
    <td>1-2</td>
    <td>1-3</td>
  </tr>
  ...
</table>
```

SECTION 43 ● レスポンシブテーブル

CSS

```css
table {
  border-collapse: collapse;
}
th, td {
  padding: .5em 1.1em;
  border: 1px solid #dfe2e5;
}
th {
  background-color: #f9fafb;
}
@media (max-width: 420px) {
  table {
    width: 100%;
    border-collapse: separate;
    border-spacing: 0;
    border: 1px solid #dfe2e5;
  }
  tr:first-child {
    display: none;
  }
  tr::before {
    display: block;
    padding: .5em 1.1em;
    content: attr(data-heading);
    font-weight: bold;
    border-bottom: 1px solid #dfe2e5;
    background-color: #f9fafb;
  }
  tr + tr + tr::before {
    border-top: 1px solid #dfe2e5;
  }
  th, td {
    box-sizing: border-box;
    display: block;
    padding: .5em 1.1em;
    width: 100%;
    border: 0;
  }
  td:not(:first-child) {
    border-top: 1px solid #dfe2e5;
  }
```

▼

```
    }
}
```

tr 要素に data-heading 属性で列の見出しを定義しておき、疑似要素 tr::before で表示しています。

行と列の入れ替え

横長のテーブルの行と列を入れ替えることにより、縦長にする手法です。

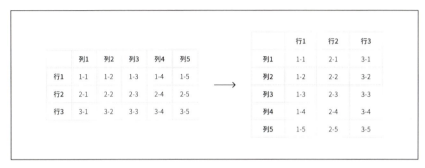

HTML

```
<table>
  <tr>
    <th></th>
    <th>列1</th>
    <th>列2</th>
    <th>列3</th>
    <th>列4</th>
    <th>列5</th>
  </tr>
  <tr>
    <th>行1</th>
    <td>1-1</td>
    <td>1-2</td>
    <td>1-3</td>
    <td>1-4</td>
    <td>1-5</td>
  </tr>
  ...
  </tr>
</table>
```

SECTION 43 ● レスポンシブテーブル

CSS

```css
table {
  border-collapse: collapse;
}
th, td {
  padding: .5em 1.1em;
  border: 1px solid #dfe2e5;
}
th {
  background-color: #f9fafb;
}
@media (max-width: 420px) {
  table {
    width: 100%;
    border-collapse: separate;
    border-spacing: 0;
    border: 1px solid #dfe2e5;
  }
  tr {
    float: left;
    width: 25%;
  }
  th, td {
    box-sizing: border-box;
    display: block;
    height: 2.6em;
    border: 0;
  }
  th:not(:first-child), td:not(:first-child) {
    border-top: 1px solid #dfe2e5;
  }
  th {
    background-color: #f9fafb;
  }
  tr:not(:first-child) th:first-child, td {
    border-left: 1px solid #dfe2e5;
  }
}
```

tr 要素で float プロパティに left を指定して横並びになるようにします。行数が4なので、4分割になるように width に 25% を指定します。また、th と td 要素で height プロパティを指定し、固定値になるようにします。これをしないと、行の高さが揃わなくなってしまいます。この手法は、行の高さがわかっている場合にしか使うことができません。たいていはセル内が1行に収まるようなときに使われます。

横スクロールで対応

テーブルが横幅に収まりきらない場合に横スクロールで対応する手法です。横スクロールできることに気づかないユーザーもいるので、《スクロール可能を示す影》(313ページ)で紹介しているように影を使ってスクロールを促すこともできます。

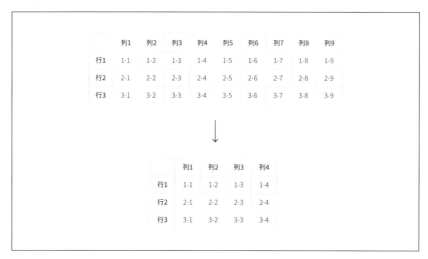

HTML

```
<div class="container">
  <table>
    <tr>
      <th></th>
      <th>列1</th>
      <th>列2</th>
      <th>列3</th>
      <th>列4</th>
      <th>列5</th>
```

SECTION 43 ● レスポンシブテーブル

```html
      <th>列6</th>
      <th>列7</th>
      <th>列8</th>
      <th>列9</th>
    </tr>
    <tr>
      <th>行1</th>
      <td>1-1</td>
      <td>1-2</td>
      <td>1-3</td>
      <td>1-4</td>
      <td>1-5</td>
      <td>1-6</td>
      <td>1-7</td>
      <td>1-8</td>
      <td>1-9</td>
    </tr>
    ...
  </table>
</div>
```

CSS

```css
table {
  border-collapse: collapse;
}
th, td {
  padding: .5em 1.1em;
  border: 1px solid #dfe2e5;
}
th {
  background-color: #f9fafb;
}
@media (max-width: 420px) {
  .container {
    overflow-x: auto;
    -webkit-overflow-scrolling: touch;
  }
  th, td {
    white-space: nowrap;
  }
}
```

table 要素の外側を .container で囲み、overflow-x プロパティに auto を指定してスクロールされるようにします。th と td 要素には white-space プロパティに nowrap を指定して改行されないようにします。また、white-space プロパティを使わずに th や td 要素に横幅を指定する方法もあります。

CSS

```
@media (max-width: 420px) {
  .container {
    overflow-x: auto;
    -webkit-overflow-scrolling: touch;
  }
  table {
    table-layout: fixed;
    width: 100%;
  }
  th, td {
    box-sizing: border-box;
    width: 4em;
  }
  th:nth-child(2) {
    width: 10em;
  }
}
```

th と td 要素で width プロパティに 4em を指定してベースとなる横幅を設定します。そして、多めの文字数の場合には width プロパティの値に少し大きめの値を指定します。

	列1	列2	列
行1	少し長めのセルは横幅を調整	1-2	1-
行2	2-1	2-2	2-
行3	3-1	3-2	3-

SECTION 43 ● レスポンシブテーブル

▼ブラウザ対応表(行ごとのグループ化)

IE	Edge	Firefox	Chrome	Safari	Opera	iOS Safari	Android
10	12	2	4	3	10.6	3	2.2

▼ブラウザ対応表(行ごとのグループ化と列の見出し)

IE	Edge	Firefox	Chrome	Safari	Opera	iOS Safari	Android
10	12	3.6	4	5.1	15	5.1	4.1

▼ブラウザ対応表(行ごとのグループ化と複製)

IE	Edge	Firefox	Chrome	Safari	Opera	iOS Safari	Android
10	12	3.5	4	6	15	6	30

▼ブラウザ対応表(列ごとのグループ化)

IE	Edge	Firefox	Chrome	Safari	Opera	iOS Safari	Android
10	12	3.6	4	5.1	15	5.1	4

▼ブラウザ対応表(行と列の入れ替え)

IE	Edge	Firefox	Chrome	Safari	Opera	iOS Safari	Android
10	12	2	4	3	10.6	3	2.2

▼ブラウザ対応表(横スクロールで対応)

IE	Edge	Firefox	Chrome	Safari	Opera	iOS Safari	Android
8	12	2	4	3	10.6	3	2.2

リンク切れ画像の代替表示

ときどき、Webサイトを閲覧しているとリンク切れの画像を見かけます。リンク切れ画像のスタイルはブラウザによって異なり、リンク切れであることを示すアイコンのみだったり、alt 属性の代替テキストが表示されていたりします。そのため、自由に装飾したい場合は少し工夫が必要になります。

代替表示のカスタマイズ

リンク切れの画像を装飾するために使うのは疑似要素です。疑似要素は通常、img などの終了タグのない要素には使うことができません。しかし、img 要素は置換要素といって、現在の文書のスタイルに影響されない要素で外部リソースによって制御されます。そして、置換要素は外部リソースが読み込まれなかったときにフォールバックとして内部の要素（疑似要素を含む）を表示します。この特性を利用して、画像が読み込まれなかった際に疑似要素で装飾していきます。

HTML

```html
<img src="image.jpg" alt="サンプル画像">
```

CSS

```css
img {
  display: block;
  width: 100%;
  height: auto;
  content: '';  /* iOS Safari fix */
}
img::after {
  display: block;
  content: '画像がリンク切れしています。(' attr(alt) ')';
}
```

SECTION 44 ● リンク切れ画像の代替表示

img 要素の src に image.jpg と指定していますが、実際には用意していないため、リンク切れ画像と同様の表示になります。また、img 要素の content プロパティを '' にすることで、iOS Safariで疑似要素が表示されないことを防いでいます。疑似要素 ::after を使ってリンク切れであることを明示し、同時に alt 属性の代替テキストも表示させています。

> 　　　　　　　　サンプル画像
> 　　　　　画像がリンク切れしています。(サンプル画像)

ブラウザ間で表示を統一

img 要素のリンク切れ画像はブラウザ間で実装の違いがあり、Firefoxでは疑似要素 ::before が alt 属性の代替テキストを表示するために使われています。そのため、疑似要素 ::before の content プロパティで文字を指定しても表示されません。文字を指定する際は疑似要素 ::after を使用します。

CSS

```css
img {
  display: block;
  position: relative;
  width: 100%;
  height: auto;
  content: '';  /* iOS Safari fix */
  font-size: 0;
}
img::before {
  box-sizing: border-box;
  position: absolute;
  top: 0;
  left: 0;
  width: 100%;
  height: 100%;
  content: '';
  border: 1px solid #ccc;
  background-color: #f5f5f5;
}
img::after {
  display: block;
  position: relative;
```

```
    padding: 1em;
    content: '画像のリンク切れ (' attr(alt) ')';
    color: #6c6c6c;
    font-size: 16px;
}
```

`img` 要素の `font-size` プロパティの値を `0` にして、`alt` 属性で指定された代替テキストを表示しないようにします。疑似要素 `::before` で背景色と枠線部分を作成し、`::after` でリンク切れの文字を表示しています。`alt` 属性を表示しないようにするのはよくないので、疑似要素 `::after` でリンク切れの説明とともに `attr(alt)` で表示させています。疑似要素 `::before` で文字部分が表現できないということと、疑似要素は `::before`、`::after` の2つしかないという制約があるため、装飾の自由度は低いですがブラウザ間で同じスタイルにできます。

画像のリンク切れ (サンプル画像)

▼ブラウザ対応表

IE	Edge	Firefox	Chrome	Safari	Opera	iOS Safari	Android
-	-	2	41	-	28	5	41

クリック範囲の拡大

スマートフォンやタブレットを使っているときに、リンクをタップしてもなかなか反応しないことがあります。これは、リンク範囲が小さいため、指の位置によって反応しないからです。小さいリンク範囲はユーザーをいらいらさせる原因になります。

ネガティブマージンを使った手法

文章中のリンクのクリック範囲を広げるにはネガティブマージンを使います。

HTML

```
あの<a href="#">イーハトーヴォ</a>の...
```

CSS

```
a {
  display: inline-block;
  position: relative;
  margin: -10px;
  padding: 10px;
}
```

a 要素は `display` プロパティの初期値が `inline` なので、`inline-block` を指定します。`margin` プロパティに広げたい範囲をネガティブマージンで指定し、`padding` プロパティに同じ値を指定して相殺することで、`10px` の範囲を広げられます。また、`position` プロパティに `relative` を指定することで、続く文章より前面に表示されるように重なり順を調整しています。

> あのイーハトーヴォのすきとおった風、夏でも底に冷たさをもつ青いそら、うつくしい森で飾られたモリーオ市、郊外のぎらぎらひかる草の波。

borderを使った手法

`padding` プロパティの代わりに `border` プロパティを使う手法です。

HTML

```
あの<a href="#">イーハトーヴォ</a>の...
```

CSS

```css
a {
  display: inline-block;
  position: relative;
  margin: -10px;
  border: 10px solid transparent;
}
```

`border-color` プロパティに `transparent` を指定して透明なボーダーで相殺しています。文章中のリンクならこの手法でよいのですが、ボタンだとそうはいきません。

HTML

```
<a href="#">ポラーノの広場</a>
```

CSS

```css
a {
  display: inline-block;
  position: relative;
  margin: -10px;
  padding: .6em 1.5em;
  color: #fff;
  text-decoration: none;
  border: 10px solid transparent;
  background-color: #48c367;
}
```

`border` で `10px` 範囲を広げていますが、ボタンの場合は背景色を付けることが多く、背景色がボーダーの背面まで広がってしまいます。

SECTION 45 ● クリック範囲の拡大

背景色がボーダーの背面まで広がらないようにするためには `background-clip` プロパティを使います。

CSS

```css
a {
  background-clip: padding-box;
}
```

`background-clip` プロパティに `padding-box` を指定すると、背景色が `padding` の範囲までにしか広がらなくなります。

疑似要素を使った手法

疑似要素を使うと、他のプロパティに一切影響を与えることなくクリック範囲を広げられます。

HTML

あの`<a href="#">イーハトーヴォ</a>`の...

CSS

```css
a {
  display: inline-block;
  position: relative;
}
a::before {
  position: absolute;
  top: -10px;
  left: -10px;
  right: -10px;
  bottom: -10px;
  content: '';
}
```

疑似要素 `::before` を絶対配置して、`top` など上下左右に広げたい範囲をマイナス値で指定します。また、この手法を使えば、リンクを親要素全体に広げることもできます。

HTML

```html
<div class="card">
  <img src="https://picsum.photos/1280/720?image=977">
  <div class="title">ポラーノの広場</div>
  <div class="caption">あのイーハトーヴォの...</div>
  <a href="#">続きをみる</a>
</div>
```

CSS

```css
.card {
  position: relative;
}
a::before {
  position: absolute;
  top: -1px;
  left: -1px;
  right: -1px;
  bottom: -1px;
  content: '';
}
```

`a` 要素の疑似要素 `::before` を使うことで、`.card` 全体にリンクの範囲を広げられます。`-1px` としているのは、絶対配置した際にボーダー分である `1px` 上にもリンク範囲を広げるためです。

COLUMN 疑似クラスの順序

リンク関連の疑似クラスの場合、順序に注意する必要があります。

CSS

```
a:link { ... }
a:visited { ... }
a:hover { ... }
a:focus { ... }
a:active { ... }
```

どの疑似クラスも詳細度は同じであるため、後ろに記述したもので上書きされます。`:hover` はホバーしたときに有効で、`:active` はクリックしている間、有効となります。`:active` → `:hover` の順番だと未訪問リンクの場合、`:active` を `:hover` が打ち消してしまうため、`:active` が無効となってしまいます。そのため、`:hover` → `:active` という順番にします。

また、`:focus` はクリックしてからマウスを離した後も他の要素を選択するまでは有効で、`:active` が無効にされないように `:focus` → `:active` という順番にします。未訪問リンクを表す `:link` と訪問済みリンクを表す `:visited` は一番前に記述して後の動作に影響しないようにします。`:link` と `:visited` は影響し合わないので順不同です。

これで、`:link` → `:visited` → `:hover` → `:focus` → `:active` という順番になります。

▼ブラウザ対応表

IE	Edge	Firefox	Chrome	Safari	Opera	iOS Safari	Android
9	12	4	7	5.1	11.1	5	4.4

SECTION 46 バウンススクロールの無効化

　ブラウザによってさまざまな挙動の違いがありますが、その中でもバウンススクロールは簡単には制御できないので開発者を非常に困らせていました。

　バウンススクロールとはMac ChromeやMac Safari、iOS Safariなどで見られ、限界まで下方向にスクロールすると、ブラウザ上部に領域外の部分が表示され、指を離すとボヨーンとバウンドするように戻る現象のことです。バウンススクロールはこれ以上スクロールできないことを示すものですが、ペイントなどのドロー系Webアプリではかえってこの挙動が邪魔になることがあります。

「body」を絶対配置する手法

　`html` で `overflow` プロパティに `hidden` を指定してスクロールできないようにします。そして、`body` を `absolute` で絶対配置し、ブラウザいっぱいになるようにします。`body` では `overflow` プロパティの値に `auto` を指定してスクロールできるようにします。

SECTION 46 ● バウンススクロールの無効化

CSS

```
html {
  overflow: hidden;
}
body {
  position: absolute;
  top: 0;
  left: 0;
  right: 0;
  bottom: 0;
  overflow: auto;
  -webkit-overflow-scrolling: touch;
}
```

昔からある手法ですが、`html` で `overflow` プロパティの値を `hidden` にしているため、ブラウザで戻った場合にスクロール位置が保存されずに毎回、一番上の位置から表示されてしまうのが難点です。

「overscroll-behavior」を使った手法

現時点では実験的な機能ですが、`overscroll-behavior` というブラウザのスクロールが末端に達したときの挙動を制御するプロパティがあります。`overscroll-behavior` プロパティは次の3つの値を指定できます。

値	説明
auto	デフォルト値で、ブラウザの実装に準拠する
contain	隣接するスクロール領域には連鎖しない
none	containを指定したときの効果に加えて、バウンススクロールも無効にする

バウンススクロールを無効にしたいのであれば `none` を指定すればよいです。`contain` はモーダルウィンドウ内はスクロール可能にしたいが、背面のコンテンツ内はスクロールしないようにしたいときに使えます。

CSS

```
body {
  overscroll-behavior: none;
}
```

bodyに指定することでバウンススクロールを無効にできます。

CSS

```
body {
  overscroll-behavior-x: none;
}
```

左右方向にスワイプしたときの戻る/進むナビゲーションを無効化したいときは `overscroll-behavior-x` プロパティを使います。同様に、上下方向のみ制御したいときは `overscroll-behavior-y` プロパティが使えます。

> **COLUMN** 「-webkit-overflow-scrolling」とは
>
> `-webkit-overflow-scrolling` プロパティはiOS Safariで `overflow` プロパティの値に `auto` または `scroll` が指定された要素のスクロールの挙動を制御するプロパティです。`auto` がデフォルト値で、`touch` を指定するとネイティブアプリのようになめらかに慣性スクロールするようになります。

▼ブラウザ対応表（bodyを絶対配置する手法）

IE	Edge	Firefox	Chrome	Safari	Opera	iOS Safari	Android
-	-	-	15	-	10.6	-	30

▼ブラウザ対応表（「overscroll-behavior」を使った手法）

IE	Edge	Firefox	Chrome	Safari	Opera	iOS Safari	Android
10	12	59	65	-	52	-	65

※IE10〜11とEdge12〜17は「overscroll-behavior」の代わりに「-ms-scroll-chaining」プロパティを使うことでタッチ端末において同じ挙動にできる。

Webフォントの読み込み制御

ブラウザがWebフォントの実装を始めたことで、よりデザイン性の高いWebサイトを作ることができるようになりました。Webフォントは画像と違って、画面サイズや解像度にかかわらず、鮮明な文字を表示できます。しかし、日本語は英語などの他言語に比べて文字数が多く、Webフォントのファイルサイズも非常に大きくなってしまいます。そのため、Webフォントが表示されるまでに時間がかかり、パフォーマンスだけでなくユーザーにストレスを与えてしまう可能性があります。

読み込み時の現象

ファイルサイズが大きいWebフォントや通信速度が遅い場合などは、フォントファイルの取得に時間がかかります。すると、ブラウザでは次のような現象が起こります。

現象	説明
FOIT (Flash of Invisible Text)	Webフォントのダウンロードが完了するまではテキストのレンダリングが保留され、ダウンロードが完了すると突然、Webフォントでレンダリングされる
FOUT (Flash of Unstyled Text)	Webフォントのダウンロードが完了するまではデフォルトのシステムフォントを使ってテキストがレンダリングされ、ダウンロードが完了するとWebフォントに変更される

大きく分けるとFOITとFOUTの2つに分類されますが、ブラウザによって少し差異があります。

◆Safari

Webフォントのダウンロード中は何も表示されず、ダウンロードが完了するとWebフォントでレンダリングされるFOITの実装になっています。

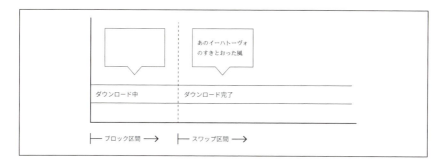

◆ Chrome/Firefox

　基本的にはFOITと同じですが、3秒経ってもWebフォントのダウンロードが完了しない場合はシステムフォントでレンダリングされます。最終的にWebフォントのダウンロードが完了すると、Webフォントでレンダリングされます。

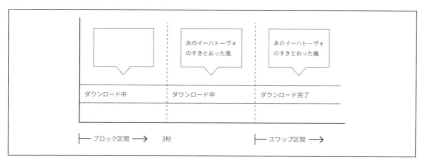

◆ IE/Edge

　Webフォントのダウンロード中はシステムフォントでレンダリングされ、ダウンロードが完了するとWebフォントでレンダリングされるFOUTの実装になっています。

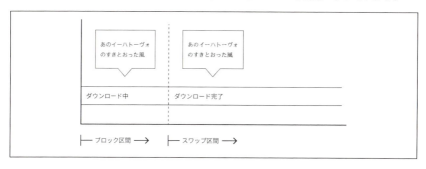

「font-display」による制御

このように、FOITかFOUTかはブラウザの実装に依存しており、開発者が変更することはできませんでした。しかし、`font-display` プロパティの策定によりCSSでWebフォントのレンダリングを制御することができるようになりました。`font-display` プロパティに指定できる値には次のようなものがあります。

値	説明
auto	デフォルト値で、ブラウザの実装に準拠する
block	ブロック区間を3s、スワップ区間をinfiniteにする。Webフォントのダウンロード中は何も表示せず、3秒経ってもダウンロードが完了しない場合はシステムフォントでレンダリングされる。最終的にダウンロードが完了するとWebフォントでレンダリングされる 例:FontAwesomeなどのアイコンフォントを使っているときに、ダウンロード完了するまでは隠しておきたい場合に使える
swap	ブロック区間を100ms以下、スワップ区間をinfiniteにする。Webフォントのダウンロード中はシステムフォントでレンダリングを行い、ダウンロードが完了するとWebフォントに入れ替える 例:ロゴ部分にWebフォントを使っていて、表示されないと困るが最終的にはWebフォントで表示したいときに使える
fallback	ブロック区間を100ms以下、スワップ区間を3sにする。Webフォントのダウンロード中はシステムフォントでレンダリングを行い、3秒経ってもダウンロードが完了しない場合はWebフォントのレンダリングを中止する 例:デザインよりも内容を重視し、Webフォントで表示されなくても問題ないときに使える
optional	ブロック区間を100ms以下、スワップ区間を0sにする。基本的にシステムフォントでレンダリングされるが、バックグランドでWebフォントのダウンロードを行い、途中でダウンロードをやめるかどうかはブラウザが決定する 例:デザインよりも内容を重視し、次回以降は付加価値としてWebフォントで表示したいようなときに使える

`block` がChromeやSafari、`swap` がIEやEdgeのデフォルトの実装に近いです。

CSS

```
@font-face {
  font-family: 'Sawarabi Mincho';
  font-style: normal;
  font-weight: 400;
  src: url(https://fonts.gstatic.com/ea/sawarabimincho/v1
       /SawarabiMincho-Regular.woff2) format('woff2'),
```

```
    url(https://fonts.gstatic.com/ea/sawarabimincho/v1
        /SawarabiMincho-Regular.woff) format('woff');
  font-display: swap;
}
```

`font-display` プロパティは `@font-face` ルール内に定義します。ここでは例としてGoogle Fontsで提供されているさわらび明朝を読み込んでいます。

CSS

```
@font-face {
  font-family: 'Sawarabi Mincho';
  font-style: normal;
  font-weight: 400;
  src: local('Sawarabi Mincho'),
       local('SawarabiMincho-Regular'),
       url(https://fonts.gstatic.com/ea/sawarabimincho/v1
           /SawarabiMincho-Regular.woff2) format('woff2'),
       url(https://fonts.gstatic.com/ea/sawarabimincho/v1
           /SawarabiMincho-Regular.woff) format('woff');
  font-display: swap;
}
```

また、`local()` 関数を `url()` 関数よりも前に指定しておくことでローカルにさわらび明朝がインストールされている場合には、ローカルのフォントを優先して使うようにできます。

SECTION 47 ● Webフォントの読み込み制御

COLUMN Webフォントの先読み

link 要素の rel 属性に preload を指定すると、コンテンツの先読みができます。

HTML

```
<link href="font.woff2" rel="preload" as="font"
  type="font/woff2" crossorigin>
<link href="font.woff" rel="preload" as="font"
  type="font/woff" crossorigin>
```

通常の link 要素ではファイルの読み込みが終わるまでレンダリングがブロックされますが、preload を指定するとファイルの読み込みを開始してもレンダリングをブロックしません。そのため、Webフォントのレンダリングを高速化できます。

▼ブラウザ対応表

IE	Edge	Firefox	Chrome	Safari	Opera	iOS Safari	Android
-	-	58	60	11.1	47	11.3	60

SECTION 48 ホバー以外の指定

メニューなどでホバーした要素を目立たせるために、それ以外の要素を薄くしたりすることがあります。JavaScriptを使って実装されていることが多いですが、簡単なものならCSSだけでも実装できます。

グリッドの作成

記事一覧などでよく見かけるグリッド状に並んだ要素に対して適用していきます。

HTML

```html
<div class="grid">
  <div class="column">
    <a href="#">1</a>
  </div>
  <div class="column">
    <a href="#">2</a>
  </div>
  ...
</div>
```

CSS

```css
.grid {
  margin: -22px 0 0 20px;
}
.grid::after {
  display: block;
  content: '';
  clear: both;
}
.column {
  box-sizing: border-box;
  float: left;
  padding: 22px 0 0 20px;
  width: 33.33333%;
}
```

《Flexboxによるグリッドシステム》（134ページ）の手法を使ってグリッド状のレイアウトを作成しますが、ここでは `float` プロパティを使って実装しています。基本的な考え方は同じで、気を付けなければいけないことは `float` の解除を行うことくらいです。

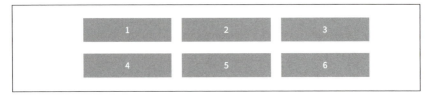

ホバー以外の要素に対して指定する

「以外」という言葉からわかるように擬似クラス `:not()` セレクタを使います。

```css
.grid:hover .column:not(:hover) a {
  opacity: .5;
}
```

`.grid` がホバーされていて、子要素の `.column` がホバーされていないとき、その子要素である `a` 要素の透明度を `.5` にしています。これでホバー以外の要素を薄くできます。

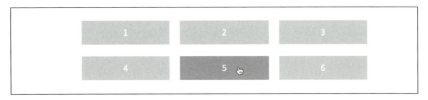

しかし、1つだけ問題があります。それは、カラムとカラムの溝部分にホバーしたときにも認識されてしまうことです。

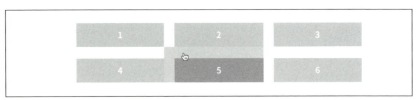

これは .column の溝部分が padding を使って表現されているからです。padding の上にホバーすると .column の一部なので反応してしまいます。

CSS

```css
.grid {
  visibility: hidden;
}
.column a {
  visibility: visible;
}
```

溝部分にホバーしても反応しないようにするには visibility プロパティを使います。.grid で visibility プロパティに hidden を指定して要素を非表示にし、a 要素で visible を指定することで再び表示させています。

COLUMN 「visibility」の効果

なぜ、`visibility` プロパティを使うと溝部分のホバーを無効にできるのかというと、次の表を見ればわかります。領域の確保は `display` プロパティでは完全に要素がなくなるのに対し、`visibility` や `opacity` プロパティでは見えないだけで要素の横幅や高さは確保されます。イベントはホバーやクリックで反応するかどうかで、`opacity` プロパティだけが見えなくても反応します。そして、最も重要な特徴が子要素で上書きできるかどうかで、`visibility` プロパティだけが親要素で非表示になっていても子要素で表示させることができます。

プロパティ	領域の確保	イベント	子要素で上書き
display: none;	×	×	×
visibility: hidden;	○	×	○
opacity: 0;	○	○	×

つまり、溝部分が反応しないようには、イベントを無効化でき、子要素で上書きができる `visibility` プロパティを使えばよいということです。

CSS

```css
.grid {
  pointer-events: none;
}
.column a {
  pointer-events: auto;
}
```

ちなみに、同じような性質をもつプロパティとして `pointer-events` があります。

▼ブラウザ対応表

IE	Edge	Firefox	Chrome	Safari	Opera	iOS Safari	Android
9	12	3.5	4	3.2	10.1	3.2	2.1

スクロール可能を示す影

スマートフォンなどの狭い画面では横スクロールを利用したUIが使われることがあります。見慣れている人からすれば横スクロールできることに気付きますが、初めて見た人にはスクロールできることに気付かない場合があります。そこで、影を使ってスクロールできることを示す手法があります。

垂直方向のスクロール

垂直方向と水平方向で少し実装が異なるので、分けて説明します。

◆ 疑似要素を使った手法

疑似要素を使ってマスクとなるグラデーションを描画します。

HTML

```html
<div class="scroll">
  <div class="inner">あのイーハトーヴォの...</div>
</div>
```

CSS

```css
.scroll {
  width: 250px;
  height: 200px;
  background-image: linear-gradient(
                      rgba(0, 0, 0, .3),
                      rgba(255, 255, 255, 0)
                    ),
                    linear-gradient(
                      rgba(255, 255, 255, 0),
                      rgba(0, 0, 0, .3)
                    );
  background-position: 0 0, 0 100%;
  background-size: 100% 25px;
  background-repeat: no-repeat;
  overflow-y: auto;
  -webkit-overflow-scrolling: touch;
```

```
}
.inner {
  position: relative;
  z-index: 1;
}
.inner::before, .inner::after {
  position: absolute;
  left: 0;
  width: 100%;
  height: 45px;
  content: '';
  z-index: -1;
}
.inner::before {
  top: 0;
  background-image: linear-gradient(
                      #fff 15px,
                      rgba(255, 255, 255, 0)
                    );
}
.inner::after {
  bottom: 0;
  background-image: linear-gradient(
                      360deg,
                      #fff 15px,
                      rgba(255, 255, 255, 0)
                    );
}
```

　`.scroll` でグラデーションを使って上部と下部にスクロール可能であることを示す影を描画します。

　しかし、そのままでは常に影が表示されてしまうので、`.inner` の疑似要素 `::before` と `::after` でそれぞれ上部と下部にマスクを作ります。マスクはスクロール領域の上部と下部に配置されているため、スクロールに合わせて動きます。

　スクロール位置が一番上の場合は、スクロール可能であることを示す影の上にマスクが重なって隠されます。

SECTION 49 ■ スクロール可能を示す影

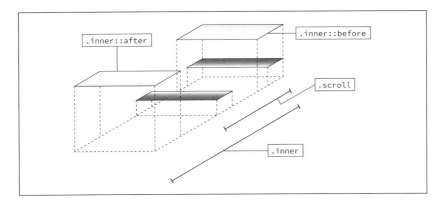

　次のように、スクロール可能である場合には影が表示されるようになります。マスク部分のグラデーションに着目すると、白色から透明色へと変化させています。つまり、背景色と同じ色でマスクを作ることで隠すことができるわけです。そのため、背景が単色でないと対応できません。

◆「background-attachment」を使った手法

　あまり使うことはないですが、`background-attachment` プロパティには `local` という値を指定できます。

HTML

```
<div class="scroll">
  <div class="inner">あのイーハトーヴォの...</div>
</div>
```

SECTION 49 ● スクロール可能を示す影

CSS

```css
.scroll {
  width: 250px;
  height: 200px;
  background-image: linear-gradient(
                      rgba(0, 0, 0, .3),
                      rgba(255, 255, 255, 0)
                    ),
                    linear-gradient(
                      rgba(255, 255, 255, 0),
                      rgba(0, 0, 0, .3)
                    );
  background-position: 0 0, 0 100%;
  background-size: 100% 25px;
  background-repeat: no-repeat;
  overflow-y: auto;
  -webkit-overflow-scrolling: touch;
}
.inner {
  background-image: linear-gradient(
                      #fff 15px,
                      rgba(255, 255, 255, 0)
                    ),
                    linear-gradient(
                      360deg,
                      #fff 15px,
                      rgba(255, 255, 255, 0)
                    );
  background-position: 0 0, 0 100%;
  background-size: 100% 45px;
  background-attachment: local;
  background-repeat: no-repeat;
}
```

疑似要素を使った手法と違い、マスク部分もグラデーションで描画します。`background-attachment` プロパティに `local` を指定すると、スクロール領域の背景がスクロールとともに移動するようになります。これにより、スクロール領域 `.inner` の上部と下部にマスクを配置できます。

水平方向のスクロール

水平方向のスクロールを実装する場合は、`.inner` で `display` プロパティに `inline-block` を指定する必要があります。

◆ 疑似要素を使った手法

疑似要素を使ってマスクとなるグラデーションを描画します。

HTML

```html
<div class="scroll">
  <div class="inner">あのイーハトーヴォの...</div>
</div>
```

CSS

```css
.scroll {
  width: 250px;
  white-space: nowrap;
  background-image: linear-gradient(
                      90deg,
                      rgba(0, 0, 0, .3),
                      rgba(255, 255, 255, 0)
                    ),
                    linear-gradient(
                      90deg,
                      rgba(255, 255, 255, 0),
                      rgba(0, 0, 0, .3)
                    );
  background-position: 0 0, 100% 0;
  background-size: 25px 100%;
  background-repeat: no-repeat;
  overflow-y: auto;
  -webkit-overflow-scrolling: touch;
}
.inner {
  display: inline-block;
  position: relative;
  padding: 2em 0;
  z-index: 1;
}
.inner::before, .inner::after {
```

```
    position: absolute;
    top: 0;
    width: 45px;
    height: 100%;
    content: '';
    z-index: -1;
}
.inner::before {
    left: 0;
    background-image: linear-gradient(
                        90deg,
                        #fff 15px,
                        rgba(255, 255, 255, 0)
                      );
}
.inner::after {
    right: 0;
    background-image: linear-gradient(
                        270deg,
                        #fff 15px,
                        rgba(255, 255, 255, 0)
                      );
}
```

`.scroll` で `white-space` プロパティに `nowrap` を指定して横スクロールが発生するようにしています。基本的には垂直方向のスクロールと同じで、グラデーションの向きが変わるくらいです。

◆「background-attachment」を使った手法

`background-attachment` プロパティに `local` を指定する手法です。

HTML

```
<div class="scroll">
  <div class="inner">あのイーハトーヴォの...</div>
</div>
```

CSS

```
.scroll {
  width: 250px;
  white-space: nowrap;
  background-image: linear-gradient(
                      90deg,
                      rgba(0, 0, 0, .3),
                      rgba(255, 255, 255, 0)
                    ),
                    linear-gradient(
                      90deg,
                      rgba(255, 255, 255, 0),
                      rgba(0, 0, 0, .3)
                    );
  background-position: 0 0, 100% 0;
  background-size: 25px 100%;
  background-repeat: no-repeat;
  overflow-x: auto;
  -webkit-overflow-scrolling: touch;
}
.inner {
  display: inline-block;
  padding: 2em 0;
  background-image: linear-gradient(
                      90deg,
                      #fff 15px,
                      rgba(255, 255, 255, 0)
                    ),
                    linear-gradient(
                      270deg,
                      #fff 15px,
                      rgba(255, 255, 255, 0)
```

```
      );
  background-position: 0 0, 100% 0;
  background-size: 45px 100%;
  background-attachment: local;
  background-repeat: no-repeat;
}
```

レスポンシブテーブルに応用する

《レスポンシブテーブル》（279ページ）で紹介した画面に収まらない場合は横スクロールで対応する手法では、スクロールできることに気付かない人がいるかもしれません。そこで、スクロール可能を示す影を表示することで、スクロールに気付くようにしてみます。

HTML

```html
<div class="container">
  <table>
    <tr>
      <th></th>
      <th>列1</th>
      <th>列2</th>
      <th>列3</th>
      <th>列4</th>
      <th>列5</th>
      <th>列6</th>
      <th>列7</th>
      <th>列8</th>
      <th>列9</th>
    </tr>
    <tr>
      <th>行1</th>
      <td>1-1</td>
      <td>1-2</td>
      <td>1-3</td>
      <td>1-4</td>
      <td>1-5</td>
      <td>1-6</td>
      <td>1-7</td>
      <td>1-8</td>
      <td>1-9</td>
```

SECTION 49 ■ スクロール可能を示す影

```
    </tr>
    ...
  </table>
</div>
```

CSS

```css
table {
  border-collapse: collapse;
}
th, td {
  padding: .5em 1.1em;
  border: 1px solid #e2e2e2;
}
th {
  background-color: rgba(0, 0, 0, .04);
}
@media (max-width: 420px) {
  .container {
    background-image: linear-gradient(
                        90deg,
                        rgba(0, 0, 0, .3),
                        rgba(255, 255, 255, 0)
                      ),
                      linear-gradient(
                        270deg,
                        rgba(0, 0, 0, .3),
                        rgba(255, 255, 255, 0)
                      );
    background-position: 0 0, 100% 0;
    background-size: 25px 100%;
    background-repeat: no-repeat;
    overflow-x: auto;
    -webkit-overflow-scrolling: touch;
  }
  table {
    background-image: linear-gradient(
                        90deg,
                        #fff 18px,
                        rgba(255, 255, 255, 0)
                      ),
```

SECTION 49 ● スクロール可能を示す影

```
          linear-gradient(
            270deg,
            #fff 18px,
            rgba(255, 255, 255, 0)
          );
      background-position: 0 0, 100% 0;
      background-size: 48px 100%;
      background-attachment: local;
      background-repeat: no-repeat;
    }
    th, td {
      white-space: nowrap;
    }
  }
```

`.container` でスクロールを示す影、`table` でマスクを描画しています。1つだけ注意しなければならないのが、`th` の背景色を `rgba()` 形式で指定していることです。`rgba()` 形式で指定しないと、`th` の背景レイヤーが最前面に描画されてしまい、スクロールを示す影が表示されなくなってしまいます。

しかし、マークダウン環境など `.container` で囲みたくない場合があります。

HTML

```
<table>
  <tbody>
    <tr>
      <th></th>
      <th>列1</th>
      <th>列2</th>
      <th>列3</th>
      <th>列4</th>
      <th>列5</th>
      <th>列6</th>
      <th>列7</th>
      <th>列8</th>
      <th>列9</th>
    </tr>
    <tr>
      <th>行1</th>
      <td>1-1</td>
      <td>1-2</td>
      <td>1-3</td>
      <td>1-4</td>
      <td>1-5</td>
      <td>1-6</td>
      <td>1-7</td>
      <td>1-8</td>
      <td>1-9</td>
    </tr>
    ...
  </tbody>
</table>
```

CSS

```
table {
  border-collapse: collapse;
}
th, td {
  padding: .5em 1.1em;
  border: 1px solid #e2e2e2;
}
```

SECTION 49 ● スクロール可能を示す影

```css
th {
  background-color: rgba(0, 0, 0, .04);
}
@media (max-width: 420px) {
  table {
    display: block;
    background-image: linear-gradient(
                        90deg,
                        rgba(0, 0, 0, .3),
                        rgba(255, 255, 255, 0)
                      ),
                      linear-gradient(
                        270deg,
                        rgba(0, 0, 0, .3),
                        rgba(255, 255, 255, 0)
                      );
    background-position: 0 0, 100% 0;
    background-size: 25px 100%;
    background-repeat: no-repeat;
    overflow-x: auto;
    -webkit-overflow-scrolling: touch;
  }
  tbody {
    display: inline-block;
    background-image: linear-gradient(
                        90deg,
                        #fff 18px,
                        rgba(255, 255, 255, 0)
                      ),
                      linear-gradient(
                        270deg,
                        #fff 18px,
                        rgba(255, 255, 255, 0)
                      );
    background-position: 0 0, 100% 0;
    background-size: 48px 100%;
    background-attachment: local;
    background-repeat: no-repeat;
  }
  th, td {
    white-space: nowrap;
```

　　　　}
　　}

　横スクロールするときには table で display プロパティに block を指定し、tbody で display プロパティに inline-block を指定します。

　これで、.container で囲む必要がなくなります。

▼ブラウザ対応表

IE	Edge	Firefox	Chrome	Safari	Opera	iOS Safari	Android
10	12	3.6	4	5.1	11.1	5	4

CHAPTER 6
コンポーネント

SECTION 50 チェックボックス

ブラウザ標準のチェックボックスはブラウザによって見た目が異なり、デザインを統一したい場合には困ります。そのためには、CSSを使ってカスタマイズする必要がありますが、基本的な仕組みは《イベントハンドラ》(52ページ)と同じです。

「label」と「input」を連携する手法

`label` 要素の `for` 属性と `input` 要素の `id` 属性に同じ値を指定して紐付ける手法です。

HTML

```html
<div class="checkbox">
  <input id="checkbox-1" type="checkbox">
  <label for="checkbox-1">遁げた山羊</label>
  <input id="checkbox-2" type="checkbox">
  <label for="checkbox-2">つめくさのあかり</label>
  <input id="checkbox-3" type="checkbox">
  <label for="checkbox-3">ポラーノの広場</label>
</div>
```

CSS

```css
.checkbox::after {
  display: block;
  content: '';
  clear: both;
}
.checkbox input {
  position: absolute;
  left: -9999em;
}
.checkbox label {
  position: relative;
  float: left;
  padding-left: 1.4em;
  user-select: none;
```

SECTION 50 ■ チェックボックス

```css
}
.checkbox label:not(:first-child) {
  margin-left: .8em;
}
.checkbox label::before {
  box-sizing: border-box;
  position: absolute;
  top: 50%;
  left: 0;
  width: 1em;
  height: 1em;
  content: '';
  border: 1px solid #ccc;
  border-radius: .15em;
  transform: translateY(-50%);
}
.checkbox label::after {
  box-sizing: border-box;
  position: absolute;
  top: .37em;
  left: .35em;
  width: .35em;
  height: .7em;
  border-right: 2px solid #333;
  border-bottom: 2px solid #333;
  transform: rotate(40deg);
}
.checkbox input:focus + label::before {
  border-color: #4fa0e7;
  box-shadow: 0 0 5px #0d7ee0;
}
.checkbox input:checked + label::after {
  content: '';
}
```

　float プロパティで横並びにして、label 要素の疑似要素 ::before でチェックボックスの枠を作ります。そして、疑似要素 ::after で長方形の右と下に border を引き、40°回転させてチェックマークを作っています。チェックされたら content プロパティに '' を指定してチェックマークを表示させています。

SECTION 50 ● チェックボックス

🏷 「input」を「label」の子要素にする手法

チェックボックスの場合は、label 要素と input 要素を紐付けなくても、入れ子にするだけで対応できます。

HTML

```html
<div class="checkbox">
  <label>
    <input type="checkbox">
    <span>遁げた山羊</span>
  </label>
  <label>
    <input type="checkbox">
    <span>つめくさのあかり</span>
  </label>
  <label>
    <input type="checkbox">
    <span>ポラーノの広場</span>
  </label>
</div>
```

CSS

```css
.checkbox::after {
  display: block;
  content: '';
  clear: both;
}
.checkbox label {
  float: left;
}
.checkbox label:not(:first-child) {
  margin-left: .8em;
}
.checkbox input {
  position: absolute;
  left: -9999em;
}
```

```css
.checkbox span {
  display: block;
  position: relative;
  padding-left: 1.4em;
  user-select: none;
}
.checkbox span::before {
  box-sizing: border-box;
  position: absolute;
  top: 50%;
  left: 0;
  width: 1em;
  height: 1em;
  content: '';
  border: 1px solid #ccc;
  border-radius: .15em;
  transform: translateY(-50%);
}
.checkbox span::after {
  box-sizing: border-box;
  position: absolute;
  top: .37em;
  left: .35em;
  width: .35em;
  height: .7em;
  border-right: 2px solid #333;
  border-bottom: 2px solid #333;
  transform: rotate(40deg);
}
.checkbox input:focus + span::before {
  border-color: #4fa0e7;
  box-shadow: 0 0 5px #0d7ee0;
}
.checkbox input:checked + span::after {
  content: '';
}
```

CSSは先ほどとほとんど変わりません。 `label` 要素の代わりに `span` 要素の疑似要素を使っています。この手法の方がHTMLの記述もシンプルです。

COLUMN 手書き風のボーダー

border-radius プロパティを使って手書き風のボーダーを引けます。

HTML

```html
<div class="box">あのイーハトーヴォの...</div>
```

CSS

```css
.box {
  padding: 1.2em;
  border: 3px solid #028b98;
  border-radius: 5em .5em 3em .9em / .9em 3em .9em 4em;
}
```

水平方向と垂直方向の border-radius プロパティの値を別々に指定することで表現しています。

> あのイーハトーヴォのすきとおった風、夏でも底に冷たさをもつ青いそら、うつくしい森で飾られたモリーオ市、郊外のぎらぎらひかる草の波。

▼ブラウザ対応表

IE	Edge	Firefox	Chrome	Safari	Opera	iOS Safari	Android
9	12	3.5	4	3.2	10.1	6	2.1

セレクトボックス

フォームの中でもクロスブラウザ対策が大変なのがセレクトボックスです。ブラウザによってセレクトボックスのデザインが違っては台なしになってしまいます。そこで、IEにも対応した手法を紹介します。

背景画像を使った手法

矢印のアイコンを背景画像として配置する手法です。

HTML

```
<div class="selectbox">
  <select>
    <option>遁げた山羊</option>
    <option>つめくさのあかり</option>
    <option>ポラーノの広場</option>
  </select>
</div>
```

CSS

```
.selectbox select {
  padding: .5em 2.7em .5em .9em;
  line-height: 1.5;
  font-size: 14px;
  border: 1px solid #2b454c;
  border-radius: 4px;
  background-color: transparent;
  background-image: url(arrow.svg);
  background-position: calc(100% - 8px) center;
  background-size: 1.8em 1.8em;
  background-repeat: no-repeat;
  appearance: none;
}
.selectbox select::-ms-expand {
  display: none;
}
```

SECTION 51 ● セレクトボックス

`background-image` プロパティでSVGの矢印画像を指定しています。また、《背景の位置》(223ページ)のテクニックを使って右を基準に配置しています。`appearance` プロパティに `none` を指定することでブラウザの標準のデザインを初期化できます。IEは `appearance` プロパティに対応していないため、疑似クラス `::-ms-expand` を使ってブラウザの標準の矢印を消しています。

疑似要素を使った手法

矢印部分を背景画像ではなく、疑似要素 `::before` を使ってCSSだけで表現しています。

HTML

```
<div class="selectbox">
  <select>
    <option>遁げた山羊</option>
    <option>つめくさのあかり</option>
    <option>ポラーノの広場</option>
  </select>
</div>
```

CSS

```
.selectbox {
  position: relative;
}
.selectbox::before {
  position: absolute;
  top: 50%;
  right: 1.2em;
  width: .4em;
  height: .4em;
  content: '';
  border-right: 2px solid #a9adae;
  border-bottom: 2px solid #a9adae;
  transform: translateY(-72%) rotate(45deg);
  pointer-events: none;
```

```
}
.selectbox select {
  padding: .5em 2.7em .5em .9em;
  line-height: 1.5;
  font-size: 14px;
  border: 1px solid #2b454c;
  border-radius: 4px;
  background-color: transparent;
  -webkit-appearance: none;
  appearance: none;
}
.selectbox select::-ms-expand {
  display: none;
}
```

しかし、セレクトボックスの前面に疑似要素 `::before` を配置しているため、疑似要素 `::before` の上をクリックしたときにセレクトボックスは反応しません。そこで、`pointer-events` プロパティに `none` を指定することで、矢印をクリックしたときに背面のセレクトボックスが反応するようにしています。

COLUMN　オートフィル時の背景色

　Google Chromeではメールアドレスやパスワードなどの情報が自動的に保存され、次回アクセスしたときに自動入力されます。これはオートフィルという機能で、ユーザーが何度も同じ情報を入力する手間を省くもので

info@example.com

　しかし、オートフィル時には入力フォームの背景色が黄色で表示されてしまいます。そのため、Webサイトのデザインの統一感がなくなってしまう恐れがあります。

HTML†

```
<input type="email" name="email">
```

　たとえば、多くのWebサイトではメールアドレス入力欄の `name` 属性に `email` という値が指定されています。 `name` 属性の値ごとにオートフィルの情報が保存されているため、ブラウザで確認してみるといくつかメールアドレスの候補が表示されます。

CSS

```
input:-webkit-autofill {
  -webkit-box-shadow: 0 0 0px 5em #fff inset;
}
```

　オートフィル時に背景色を変えたくない場合は、オートフィル時を判定できる疑似クラス `:-webkit-autofill` と `box-shadow` プロパティを使います。 `box-shadow` プロパティで内向きの影を作り、塗りつぶすことで黄色の背景色を隠しています。あえて `-webkit-box-shadow` とすることで、Google ChromeなどのWebKit系ブラウザのみで動作するように制限しています。

info@example.com

　しかし、この手法は `input` 要素の背景色が透明の場合には使えません。

CSS

```
input {
  background-color: transparent;
}
input:-webkit-autofill {
  -webkit-transition-delay: 9999s;
}
```

transition-delay プロパティで黄色の背景色に変わるまでの時間を 9999s と非常に長くすることで、実質変化しないようにする手法です。

info@example.com

▼ブラウザ対応表（背景画像を使った手法）

IE	Edge	Firefox	Chrome	Safari	Opera	iOS Safari	Android
10	12	35	19	6	15	6	4.4

▼ブラウザ対応表（疑似要素を使った手法）

IE	Edge	Firefox	Chrome	Safari	Opera	iOS Safari	Android
11	12	35	4	5	15	5	4

SECTION 52 タブ

　タブをクリックすると、そのタブに紐付いたコンテンツが切り替わって表示されるUIがあります。限られたスペースを有効活用でき、情報用が多いWebサイトでも見やすく表現できるようになります。普通はJavaScriptを使いますが、CSSだけでもシンプルなタブを実装できます。基本的な仕組みは《イベントハンドラ》（52ページ）と同じです。

「label」と「input」要素の組み合わせ

　`input` 要素の `id` 属性と、`label` 要素の `for` 属性に同じ値を指定して紐付けます。最初の `input` 要素には `checked` 属性を付けておきます。

HTML

```html
<div class="tabs">
  <input id="tab-1" name="tabs" type="radio" checked>
  <input id="tab-2" name="tabs" type="radio">
  <input id="tab-3" name="tabs" type="radio">
  <div class="menu">
    <label class="menu-item" for="tab-1">遁げた山羊</label>
    <label class="menu-item" for="tab-2">つめくさのあかり</label>
    <label class="menu-item" for="tab-3">ポラーノの広場</label>
  </div>
  <div class="content">
    <div class="content-item">五月のしまいの日曜...</div>
    <div class="content-item">それからちょうど十日...</div>
    <div class="content-item">それからちょうど五日...</div>
  </div>
</div>
```

CSS

```css
.tabs {
  position: relative;
}
input {
  position: absolute;
```

```
    left: -9999em;
}
```

まずは、`input` 要素を非表示にします。

CSS

```
.menu {
  display: flex;
}
.menu-item {
  position: relative;
  padding: .72em 1.2em .6em;
  color: #357dbd;
  border: 1px solid transparent;
  border-radius: 2px 2px 0 0;
  user-select: none;
  cursor: pointer;
}
```

メニューの装飾をします。メニュー部分は頻繁にクリックされるので、ダブルクリックされたときにテキストが範囲選択されるのを防ぐ目的で `user-select` プロパティに `none` を指定します。

遁げた山羊　　つめくさのあかり　　ポラーノの広場

このままだと、今どのタブが表示されているのかわかりません。

CSS

```
input:nth-child(1):checked ~ .menu > :nth-child(1),
input:nth-child(2):checked ~ .menu > :nth-child(2),
input:nth-child(3):checked ~ .menu > :nth-child(3) {
  margin-bottom: -1px;
  color: #000;
  border: 1px solid #dbdbdb;
  border-bottom: 0;
  background-color: #fff;
  cursor: default;
```

```
}
input:nth-child(1):checked ~ .menu > :nth-child(1)::before,
input:nth-child(2):checked ~ .menu > :nth-child(2)::before,
input:nth-child(3):checked ~ .menu > :nth-child(3)::before {
  position: absolute;
  top: -1px;
  left: -1px;
  right: -1px;
  content: '';
  border-top: 3px solid #965b96;
  border-radius: 2px 2px 0 0;
}
```

　input 要素がチェックされたら（ input:nth-child():checked ）、同じ階層の .menu（ ~ .menu ）の子要素（ > :nth-child() ）に対してスタイルを適用します。これで、今表示されているタブがどれなのかわかるようになります。

　後は切り替わるコンテンツ部分の作成です。

CSS

```
.content-item {
  display: none;
  padding: .8em 0;
  border-top: 1px solid #dbdbdb;
}
input:nth-child(1):checked ~ .content > :nth-child(1),
input:nth-child(2):checked ~ .content > :nth-child(2),
input:nth-child(3):checked ~ .content > :nth-child(3) {
  display: block;
}
```

　はじめは display プロパティに none を指定して非表示にしておきます。input 要素がチェックされたら（ input:nth-child():checked ）、同じ階層の .content（ ~ .content ）の子要素（ > :nth-child() ）に対して display プロパティに block を指定して表示されるようにします。

これでタブを実装できましたが、この手法にはデメリットがあり、タブの数だけCSSの記述を増やさなければなりません。

✏️ より汎用的な実装

タブの数が増える度にHTMLとCSSの両方を修正するのはあまりよいとはいえません。そこで、少しHTMLの構造を変更します。

HTML

```html
<div class="tabs">
  <input id="tab-1" name="tabs" type="radio" checked>
  <label class="menu-item" for="tab-1">遁げた山羊</label>
  <div class="content-item">五月のしまいの日曜...</div>
  <input id="tab-2" name="tabs" type="radio">
  <label class="menu-item" for="tab-2">つめくさのあかり</label>
  <div class="content-item">それからちょうど十日...</div>
  <input id="tab-3" name="tabs" type="radio">
  <label class="menu-item" for="tab-3">ポラーノの広場</label>
  <div class="content-item">それからちょうど五日..</div>
</div>
```

すべての要素を同じ階層に配置し、`input`・`.menu-item`・`.content-item`の順の3つで1つのタブを表すようにします。

CSS

```css
.tabs {
  position: relative;
  display: flex;
  flex-wrap: wrap;
}
input {
  position: absolute;
  left: -9999em;
}
```

SECTION 52 ● タブ

　`.tabs` で `flex-wrap` プロパティに `wrap` を指定して、横並びのときにあふれる場合は折り返されるようにします。`input` 要素は非表示にしておきます。

CSS

```css
.menu-item {
  position: relative;
  padding: .72em 1.2em .6em;
  color: #357dbd;
  border: 1px solid transparent;
  border-radius: 2px 2px 0 0;
  user-select: none;
  cursor: pointer;
}
```

　先ほどと同じようにメニューの装飾をします。

```
　　　　　逃げた山羊
　五月のしまいの日曜でした。わたくしは賑にぎやかな市の教会の鐘の音で眼をさましました。もう日はよほど登って、まわりはみんなきらきらしていました。時計を見るとちょうど六時でした。
　　　　　つめくさのあかり
　それからちょうど十日ばかりたって、夕方、わたくしが役所から帰って両手でカフスをはずしていましたら、いきなりあのファゼーロが、戸口から顔を出しました。
　　　　　　　　　　　　それからちょうど五日目の火曜日の夕方でした。
　　　　ポラーノの広場
```

　HTMLの順番上、タブとコンテンツが交互になってしまっています。

CSS

```css
.content-item {
  order: 9999;
}
```

　コンテンツには `order` プロパティに大きめの値を指定して、順番が後ろになるようにします。すると、順番を修正できます。

> 逃げた山羊　　つめくさのあかり　　ポラーノの広場
>
> 五月のしまいの日曜でした。わたくしは賑にぎやかな市の教会の鐘の音で眼をさましました。もう日はよほど登って、まわりはみんなきらきらしていました。時計を見るとちょうど六時でした。
> それからちょうど十日ばかりたって、夕方、わたくしが役所から帰って両手でカフスをはずしていましたら、いきなりあのファゼーロが、戸口から顔を出しました。
> それからちょうど五日目の火曜日の夕方でした。

CSS

```css
input:checked + .menu-item {
  margin-bottom: -1px;
  color: #000;
  border: 1px solid #dbdbdb;
  border-bottom: 0;
  background-color: #fff;
  cursor: default;
}
input:checked + .menu-item::before {
  position: absolute;
  top: -1px;
  left: -1px;
  right: -1px;
  content: '';
  border-top: 3px solid #965b96;
  border-radius: 2px 2px 0 0;
}
```

そして、`input` 要素がチェックされたら（ `input:checked` ）、隣接する `.menu-item` （ `+ .menu-item` ）に対してスタイルを適用します。

CSS

```css
.content-item {
  display: none;
  padding: .8em 0;
  width: 100%;
  border-top: 1px solid #dbdbdb;
}
input:checked + .menu-item + .content-item {
  display: block;
}
```

はじめはコンテンツを非表示にしておき、input 要素がチェックされたら（input:checked）、隣接する .menu-item に隣接する .content-item（ + .menu-item + .content-item ）に対してスタイルを適用します。

> 遁げた山羊　　つめくさのあかり　　ポラーノの広場
>
> 五月のしまいの日曜でした。わたくしは賑にぎやかな市の教会の鐘の音で眼をさましました。もう日はよほど登って、まわりはみんなきらきらしていました。時計を見るとちょうど六時でした。

:nth-child() で指定する必要がなくなったため、タブが増えてもCSSの修正をする必要がなくなります。

COLUMN　CSSだけで実装する目的

ほとんどの場合、タブなどのUIはJavaScriptを使って実装します。しかし、中にはAMPページやECサイトの商品ページなど、JavaScriptを使えない環境があります。CSSだけで実装するテクニックは、このようなJavaScriptが使えないという条件下では非常に有用となります。

▼ブラウザ対応表（「label」と「input」要素の組み合わせ）

IE	Edge	Firefox	Chrome	Safari	Opera	iOS Safari	Android
10	12	22	22	6.2	12.1	6.2	4.4

▼ブラウザ対応表（より汎用的な実装）

IE	Edge	Firefox	Chrome	Safari	Opera	iOS Safari	Android
10	12	28	22	9	19	9	4.4

SECTION 53 アコーディオン

アコーディオンメニューはタブと同様に、スマートフォンなどの限られたスペースを有効活用できます。CSSでは、チェックボックスを使って実装でき、基本的な仕組みは《イベントハンドラ》(52ページ)と同じです。それに加えて、アニメーションも付けてみます。

✍ 「label」と「input」の連携

`input`要素の`id`属性と、`label`要素の`for`属性に同じ値を指定すると紐付けられます。

HTML

```
<div class="accordion">
  <label for="accordion-1">遁げた山羊</label>
  <input id="accordion-1" type="checkbox">
  <div class="content">五月のしまいの日曜...</div>
  <label for="accordion-2">つめくさのあかり</label>
  <input id="accordion-2" type="checkbox">
  <div class="content">それからちょうど五日...。</div>
  <label for="accordion-3">ポラーノの広場</label>
  <input id="accordion-3" type="checkbox">
  <div class="content">それからちょうど十日...</div>
</div>
```

`label`要素と`input`要素、`.content`で1つのまとまりです。

CSS

```
.accordion {
  color: #fff;
  background-color: #e4644b;
}
.accordion label {
  display: block;
  padding: .65em 1.2em;
  font-weight: bold;
```

SECTION 53 ● アコーディオン

```
    user-select: none;
}
.accordion input {
  position: absolute;
  left: -9999em;
}
.accordion .content {
  display: none;
  padding: .6em 1.2em;
  border-top: 1px solid #c04933;
  border-bottom: 1px solid #c04933;
  background-color: #d35841;
}
.accordion input:checked + .content {
  display: block;
}
```

　`input` 要素は絶対配置にして非表示にしておきます。そして、`.content` は `display` プロパティに `none` を指定してはじめは非表示にしておき、`input` 要素がチェックされたら `block` を指定して表示するようにします。 `input` 要素に `checked` 属性を付けておくと、最初から開いた状態にすることもできます。

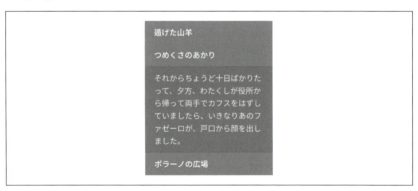

　これで、クリックするとコンテンツが開閉するアコーディオンを実装できましたが、どれか1つだけ開いた状態にしたい場合には `input` 要素の `type` 属性に `radio` を指定すると実装できます。

SECTION 53 ■ アコーディオン

HTML

```html
<div class="accordion">
  <label for="accordion-1">逃げた山羊</label>
  <input id="accordion-1" name="accordion" type="radio">
  <div class="content">五月のしまいの日曜...</div>
  <label for="accordion-2">つめくさのあかり</label>
  <input id="accordion-2" name="accordion" type="radio">
  <div class="content">それからちょうど十日...</div>
  <label for="accordion-3">ポラーノの広場</label>
  <input id="accordion-3" name="accordion" type="radio">
  <div class="content">それからちょうど五日...</div>
</div>
```

　name 属性で同じ値を指定してグループ化しないと、連携されないので注意が必要です。これで、アコーディオンを実装できましたが、アコーディオンはアニメーションさせて、ゆっくりスライドして開閉するように実装されていることが多いです。 display プロパティを none から block へアニメーションさせることはできないので、height プロパティを使ってみます。

CSS

```css
.accordion .content {
  height: 0;
  transition: height .2s ease-out;
}
.accordion input:checked + .content {
  height: auto;
}
```

　はじめは height プロパティに 0 を指定して非表示にしておき、auto で表示させる方法ですが、auto という予測できない値に transition を使うことはできません。CSSでアニメーションさせるためには transition に対応したプロパティを使うしかありません。そこで、アニメーションさせる手法がいくつかあります。

SECTION 53 ● アコーディオン

「max-height」を使った手法

　height プロパティでは決まった高さにしかアニメーションできませんが、max-height プロパティを使えば指定した値より小さい場合でも使えます。

HTML

```html
<div class="accordion">
  <label for="accordion-1">逃げた山羊</label>
  <input id="accordion-1" type="checkbox">
  <div class="content">
    <div class="inner">五月のしまいの日曜...</div>
  </div>
  <label for="accordion-2">つめくさのあかり</label>
  <input id="accordion-2" type="checkbox">
  <div class="content">
    <div class="inner">それからちょうど十日...</div>
  </div>
  <label for="accordion-3">ポラーノの広場</label>
  <input id="accordion-3" type="checkbox">
  <div class="content">
    <div class="inner">それからちょうど五日...</div>
  </div>
</div>
```

CSS

```css
.accordion {
  color: #fff;
  background-color: #e4644b;
}
.accordion label {
  display: block;
  padding: .65em 1.2em;
  font-weight: bold;
  user-select: none;
}
.accordion input {
  position: absolute;
  left: -9999em;
}
.accordion .content {
  max-height: 0;
```

```
    overflow: hidden;
    transition: max-height .2s ease-out;
  }
  .accordion .inner {
    padding: .6em 1.2em;
    border-top: 1px solid #c04933;
    border-bottom: 1px solid #c04933;
    background-color: #d35841;
  }
  .accordion input:checked + .content {
    max-height: 300px;
  }
```

　.content ではじめは max-height プロパティの値を 0 にしておき、overflow プロパティに hidden を指定してはみ出して表示されないようにします。表示されるときには max-height プロパティに 300px と少し大きめの値を指定することでアニメーションさせることができます。この手法は、.content 内の文字量をある程度、予測できる場合でないと使うことができません。また、各 .content 内の文字量に差がありすぎると、開閉するアニメーションの速度が大きく異なってしまうため、注意が必要です。

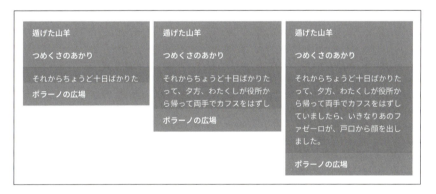

SECTION 53 ● アコーディオン

🖋 「padding」を使った手法

上下の padding プロパティをアニメーションさせる手法です。

HTML

```html
<div class="accordion">
  <label for="accordion-1">遁げた山羊</label>
  <input id="accordion-1" type="checkbox">
  <div class="content">
    <div class="inner">五月のしまいの日曜...</div>
  </div>
  <label for="accordion-2">つめくさのあかり</label>
  <input id="accordion-2" type="checkbox">
  <div class="content">
    <div class="inner">それからちょうど十日...</div>
  </div>
  <label for="accordion-3">ポラーノの広場</label>
  <input id="accordion-3" type="checkbox">
  <div class="content">
    <div class="inner">それからちょうど五日...</div>
  </div>
</div>
```

CSS

```css
.accordion {
  color: #fff;
  background-color: #e4644b;
}
.accordion label {
  display: block;
  padding: .65em 1.2em;
  font-weight: bold;
  user-select: none;
}
.accordion input {
  position: absolute;
  left: -9999em;
}
.accordion .content {
  height: 0;
  overflow: hidden;
```

```
}
.accordion .inner {
  padding: 0 1.2em;
  border-top: 1px solid #c04933;
  border-bottom: 1px solid #c04933;
  background-color: #d35841;
  transition: padding .15s ease-out;
}
.accordion input:checked + .content {
  height: auto;
}
.accordion input:checked + .content .inner {
  padding: .6em 1.2em;
}
```

　上下の `padding` プロパティを `0` から `.6em` へアニメーションさせることで、ふわっと表示するようになっています。この手法は、`.content` の `padding` 部分だけアニメーションさせているため、スライドアニメーションとはいえません。

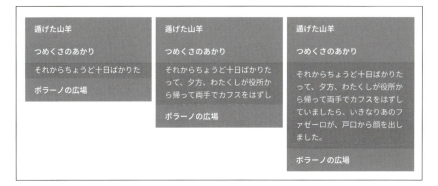

SECTION 53 ● アコーディオン

「line-height」を使った手法

`line-height` プロパティをアニメーションさせる手法です。

HTML

```
<div class="accordion">
  <label for="accordion-1">遁げた山羊</label>
  <input id="accordion-1" type="checkbox">
  <div class="content">
    <div class="inner">五月のしまいの日曜...</div>
  </div>
  <label for="accordion-2">つめくさのあかり</label>
  <input id="accordion-2" type="checkbox">
  <div class="content">
    <div class="inner">それからちょうど十日...</div>
  </div>
  <label for="accordion-3">ポラーノの広場</label>
  <input id="accordion-3" type="checkbox">
  <div class="content">
    <div class="inner">それからちょうど五日...</div>
  </div>
</div>
```

CSS

```
.accordion {
  color: #fff;
  background-color: #e4644b;
}
.accordion label {
  display: block;
  padding: .65em 1.2em;
  font-weight: bold;
  user-select: none;
}
.accordion input {
  position: absolute;
  left: -9999em;
}
.accordion .content {
  line-height: 0;
  overflow: hidden;
```

```
  transition: line-height .2s ease-out;
}
.accordion .inner {
  margin-top: -2px;
  padding: 0 1.2em;
  border-top: 1px solid #c04933;
  border-bottom: 1px solid #c04933;
  background-color: #d35841;
}
.accordion input:checked + .content {
  line-height: 1.6;
}
.accordion input:checked + .content .inner {
  margin-top: 0;
  padding: .6em 1.2em;
}
```

　line-height プロパティを 0 から 1.6 へアニメーションさせることで、スライドアニメーションのように見せています。 .inner で margin-top プロパティに -2px を指定しているのは、line-height プロパティに 0 を指定しても、上下の border である 2px 分だけは消すことができないためです。

　この手法は、line-height プロパティをアニメーションさせているため、文字が密集した状態から広がるアニメーションとなります。

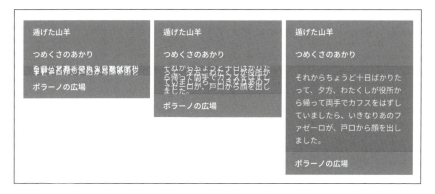

SECTION 53 ● アコーディオン

▼ブラウザ対応表(「label」と「input」の連携)

IE	Edge	Firefox	Chrome	Safari	Opera	iOS Safari	Android
9	12	3.5	4	4	10.1	6	2.1

▼ブラウザ対応表(「max-height」を使った手法)

IE	Edge	Firefox	Chrome	Safari	Opera	iOS Safari	Android
10	12	4	4	5	10.6	6	2.3

▼ブラウザ対応表(「padding」を使った手法)

IE	Edge	Firefox	Chrome	Safari	Opera	iOS Safari	Android
10	12	4	4	4	12.1	6	4

▼ブラウザ対応表(「line-height」を使った手法)

IE	Edge	Firefox	Chrome	Safari	Opera	iOS Safari	Android
10	12	4	4	5.1	15	6	4.4

SECTION 54 ファイル選択ボタン

`input`要素の`type`属性に`file`を指定すると、簡単にファイル選択機能を実装できます。しかし、`input`要素自体をCSSでカスタマイズすることはできません。通常では`input`要素のデザインはブラウザによって異なります。どの環境でも同じようなデザインにするためには少し工夫する必要があります。

「input」要素で覆う手法

`input`要素を絶対配置して、ボタン全体を覆うように配置する手法です。

HTML

```html
<div class="file">
    ファイルを選択する
    <input type="file">
</div>
```

CSS

```css
.file {
    display: inline-block;
    position: relative;
    padding: .8em 2.1em;
    color: #fff;
    border-radius: 2em;
    background-color: #8184bc;
}
input {
    opacity: 0;
    position: absolute;
    top: 0;
    left: 0;
    width: 100%;
    height: 100%;
    border-radius: 2em;
    cursor: pointer;
}
```

.file で position プロパティに relative を指定して、絶対配置するときの基準要素にします。 input 要素では position プロパティに absolute を指定して全体に覆いかぶさるように配置します。 opacity プロパティに 0 を指定して透明にすると、次のようにカスタマイズできます。

「label」要素を使った手法

もう1つの手法として、label 要素を使うものがあります。

HTML

```html
<label>
  ファイルを選択する
  <input type="file">
</label>
```

CSS

```css
label {
  position: relative;
  padding: .8em 2.1em;
  color: #fff;
  border-radius: 2em;
  background-color: #8184bc;
  cursor: pointer;
}
input {
  position: absolute;
  left: -9999em;
}
```

　label 要素で input 要素を囲むと、label 要素をクリックしたときに input 要素がクリックされます。 label 要素でボタンのデザインをカスタマイズして、input 要素は画面外に配置して非表示にしています。先ほどの手法と比べて、CSSの記述量が少ないのが特徴です。

SECTION 54 ■ ファイル選択ボタン

> **COLUMN** ファイル名の表示
>
> ファイル選択ボタンをCSSでカスタマイズした状態でファイル名を表示させたいときはJavaScriptを使う必要があります。
>
> **JavaScript**
>
> ```javascript
> const input = document.querySelector('input');
>
> input.addEventListener('change', function(event) {
>   const file = event.target.files;
>   console.log(file[0].name);  // ファイル名
> });
> ```
>
> change イベントでファイル名を取得することができます。

▼ブラウザ対応表(「input」要素で覆う手法)

IE	Edge	Firefox	Chrome	Safari	Opera	iOS Safari	Android
9	12	3	4	4	11.1	6	4

▼ブラウザ対応表(「label」要素を使った手法)

IE	Edge	Firefox	Chrome	Safari	Opera	iOS Safari	Android
8	12	22	4	4	12.1	6	4

星の5段階評価

レビューサイトなどの評価に使える星の5段階評価ボタンをCSSで実装します。`input`要素を使ってラジオボタンで実装するので、簡単にフォームに組み込めます。また、星のアイコンはFont Awesomeという手軽にアイコンを表示できるサービスを使っています。

- Font Awesome
  URL https://fontawesome.com/

Font AwesomeにはWebフォントを使う方法とSVGを使ってアイコンを表示する方法があります。今回は、Webフォントを使って表示するので、次のように`head`要素内でCSSファイルを読み込んでおきます。

CSS

```
<link href="https://use.fontawesome.com/releases/v5.4.1/css/all.css"
  rel="stylesheet"
  integrity=
    "sha384-5sAR7xN1Nv6T6+dT2mhtzEpVJvfS3NScPQTr0xhwjIuvcA67KV2R5Jz6kr4abQsz"
  crossorigin="anonymous">
```

「row-reverse」を使った手法

HTMLの順番は星5から順に配置して、Flexboxの機能である`flex-direction`プロパティに`row-reverse`を指定することで順番を逆にして、星1から順に表示されるようにしています。変わるのは見た目の順番だけで、DOM上の順番は変化しないので、間接結合子`~`を活用できます。

HTML

```
<div class="rating">
  <input id="rating-5" name="rating" value="5" type="radio">
  <label for="rating-5"></label>
  <input id="rating-4" name="rating" value="4" type="radio">
  <label for="rating-4"></label>
```

SECTION 55 ■ 星の5段階評価

```html
<input id="rating-3" name="rating" value="3" type="radio">
<label for="rating-3"></label>
<input id="rating-2" name="rating" value="2" type="radio">
<label for="rating-2"></label>
<input id="rating-1" name="rating" value="1" type="radio">
<label for="rating-1"></label>
</div>
```

CSS

```css
.rating {
  display: inline-flex;
  flex-direction: row-reverse;
}
.rating input {
  position: absolute;
  left: -9999em;
}
.rating label {
  padding: 0 .05em;
}
.rating label::before {
  content: '\f005';
  color: #7c7c7c;
  font-family: 'Font Awesome 5 Free';
}
.rating label:hover::before,
.rating label:hover ~ label::before,
.rating input:checked ~ label::before {
  color: #ffcb00;
  font-weight: 900;
}
```

label 要素の疑似要素 ::before でFont Awesomeのアイコンを表示させています。そして、label 要素にホバーしたときに font-weight プロパティに 900 を指定すると、塗りつぶされた星になります。Font Awesomeでは font-weight プロパティの値を変えることで、同じアイコンでも縁取りや塗りつぶしなど見た目を変えることができるのです。

また、label 要素にホバーしたら（ label:hover ）後続する label 要素の疑似要素 ::before（ ~ label::before ）も同時に変更します。最後にチェックされたときにも変更されるようにします。

ダミーを使った手法

row-reverse を使った手法では、キーボードだけで操作した場合に問題があり、星5から順に選択されてしまいます。これは、HTMLの構造を見れば明らかで、星5の input 要素から順に記述しているためです。また、スクリーンリーダー利用者も同様に星5から順になってしまうため、少し不自然に思うかもしれません。そこで、先頭にはじめからチェックされた input 要素を配置することで解決できます。

HTML

```html
<div class="rating">
  <input name="rating" type="radio" checked>
  <input id="rating-1" name="rating" value="1" type="radio">
  <label for="rating-1"></label>
  <input id="rating-2" name="rating" value="2" type="radio">
  <label for="rating-2"></label>
  <input id="rating-3" name="rating" value="3" type="radio">
  <label for="rating-3"></label>
  <input id="rating-4" name="rating" value="4" type="radio">
  <label for="rating-4"></label>
  <input id="rating-5" name="rating" value="5" type="radio">
  <label for="rating-5"></label>
</div>
```

CSS

```css
.rating {
  display: inline-flex;
}
.rating input {
  position: absolute;
  left: -9999em;
```

```css
}
.rating input:first-child {
  display: none;
}
.rating label {
  padding: 0 .05em;
}
.rating label::before {
  content: '\f005';
  color: #ffcb00;
  font-weight: 900;
  font-family: 'Font Awesome 5 Free';
}
```

ダミーの `input` 要素はキーボードから操作、スクリーンリーダーに読み上げられないように `display` プロパティに `none` を指定しておきます。また、初期状態ではすべて星が選択された状態にしておきます。

初期状態ですべて星が選択されていてはいけないので、ダミー要素がチェックされていることを利用して戻します。

CSS

```css
.rating input:checked + input ~ label::before {
  color: #7c7c7c;
  font-weight: 400;
}
```

`input:checked` がダミー要素がチェックされていることを利用したもので、`+ input` で隣接する `input` 要素を指定しています。`~ label::before` とすることで、それ以降の星のスタイルを選択されていない状態に戻しています。

SECTION 55 ● 星の5段階評価

最後に、ホバーしたりチェックされたら星が選択された状態になるようにします。

CSS

```css
.rating:hover label[for]::before {
  color: #ffcb00;
  font-weight: 900;
}
.rating label[for]:hover ~ label::before {
  color: #7c7c7c;
  font-weight: 400;
}
.rating input:checked + label ~ label::before {
  color: #7c7c7c;
  font-weight: 400;
}
```

まず、`.rating` にホバーしたらすべての星が選択された状態にします。そして、`label` 要素にホバーしたらそれ以降の星のスタイルを選択されていない状態に戻しています。`label[for]` のように属性セレクタを使っているのは詳細度を高くして上書きするためです。

COLUMN 表示部分のみ

フォーム内で使わずに、単に評価の表示のみをしたい場合はもっと簡単に記述できます。

HTML

```html
<div class="rating" data-rate="3">
  <div class="star"></div>
  <div class="star"></div>
  <div class="star"></div>
  <div class="star"></div>
  <div class="star"></div>
</div>
```

SECTION 55 ■ 星の5段階評価

CSS

```css
.rating {
  display: inline-flex;
}
.star {
  margin: 0 .05em;
}
.star::before {
  content: '\f005';
  color: #ffcb00;
  font-weight: 900;
  font-family: 'Font Awesome 5 Free';
}
.rating[data-rate="1"] .star:nth-child(n+2)::before,
.rating[data-rate="2"] .star:nth-child(n+3)::before,
.rating[data-rate="3"] .star:nth-child(n+4)::before,
.rating[data-rate="4"] .star:nth-child(n+5)::before {
  color: #7c7c7c;
  font-weight: 400;
}
```

`data-rate` 属性の値を 1 から 5 まで変えることで、簡単に星の数を調整できます。

▼ブラウザ対応表(「row-reverse」を使った手法)

IE	Edge	Firefox	Chrome	Safari	Opera	iOS Safari	Android
11	12	22	37	6.2	26	6.2	4.4

▼ブラウザ対応表(ダミーを使った手法)

IE	Edge	Firefox	Chrome	Safari	Opera	iOS Safari	Android
10	12	3.6	37	4	26	6	2.1

ツリー構造

フォルダ階層やサイトマップなどのツリー構造をCSSで表現できます。

疑似要素で隠す手法

疑似要素を使って線を描画します。ul 要素と li 要素を規則的に入れ子にすることで階層構造を表現できます。

HTML

```
<ul>
  <li>目次
    <ul>
      <li>逃げた山羊</li>
      <li>つめくさのあかり
        <ul>
          <li>羊飼のミーロ</li>
          <li>山羊小屋</li>
          <li>乾溜工場
            <ul>
              <li>ムラードの森</li>
              <li>ガラス函のちょうちん</li>
              <li>山猫博士</li>
            </ul>
          </li>
          <li>悪魔の歌</li>
        </ul>
      </li>
      <li>ポラーノの広場</li>
      <li>警察署</li>
    </ul>
  </li>
</ul>
```

CSS

```
ul {
  line-height: 1.8;
```

```
    list-style: none;
  }
  ul ul {
    position: relative;
    margin-left: 1em;
  }
  ul ul::before {
    position: absolute;
    top: 0;
    left: 0;
    height: 100%;
    content: '';
    border-left: 1px solid #000;
  }
  ul ul li {
    position: relative;
    padding-left: 1.15em;
  }
  ul ul li::before {
    position: absolute;
    top: .9em;
    left: 0;
    width: .7em;
    content: '';
    border-top: 1px solid #000;
  }
```

　`ul ul` というセレクタで2階層以降の `ul` 要素に対して指定しています。`ul` 要素の疑似要素 `::before` で縦線、`li` 要素の疑似要素 `::before` で横線を表現しています。`li` 要素の疑似要素 `::before` で `top` プロパティには `line-height` プロパティの半分の値である `.9em` を指定します。

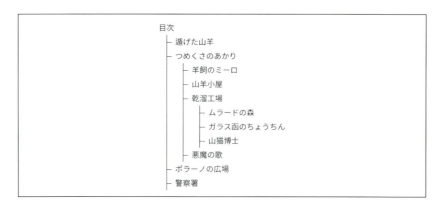

しかし、`ul`要素の子要素`li`の中で一番最後に着目すると、線が突き抜けてしまっています。

CSS

```
ul ul li:last-child::before {
  height: 50%;
  background-color: #fff;
}
```

そこで、`li`要素の`:last-child`の疑似要素`::before`で`height`プロパティに`50%`を指定して、`background-color`プロパティに背景色と同じ`#fff`を指定して隠しています。この手法は、背景色と同じ色で隠しているので、背景が単色の場合にしか使えません。

```
目次
├ 逃げた山羊
├ つめくさのあかり
│  ├ 羊飼のミーロ
│  ├ 山羊小屋
│  ├ 乾溜工場
│  │  ├ ムラードの森
│  │  ├ ガラス函のちょうちん
│  │  └ 山猫博士
│  └ 悪魔の歌
├ ポラーノの広場
└ 警察署
```

疑似要素でつなぎ合わせる手法

疑似要素を使って線をつなぎ合わせることで表現できます。

HTML

```
<ul>
  <li>目次
    <ul>
      <li>遁げた山羊</li>
      <li>つめくさのあかり
        <ul>
          <li>羊飼のミーロ</li>
          <li>山羊小屋</li>
          <li>乾溜工場
            <ul>
              <li>ムラードの森</li>
              <li>ガラス函のちょうちん</li>
              <li>山猫博士</li>
            </ul>
          </li>
          <li>悪魔の歌</li>
        </ul>
      </li>
      <li>ポラーノの広場</li>
      <li>警察署</li>
    </ul>
  </li>
</ul>
```

CSS

```
ul {
  line-height: 1.8;
  list-style: none;
}
ul ul {
  margin-left: 1em;
}
ul ul li {
  position: relative;
  padding-left: 1.15em;
}
```

```
ul ul li::before {
  position: absolute;
  top: 0;
  left: 0;
  bottom: 0;
  content: '';
  border-left: 1px solid #000;
}
ul ul li:last-child::before {
  bottom: .9em;
}
ul ul li::after {
  position: absolute;
  top: .9em;
  left: 0;
  width: .7em;
  content: '';
  border-top: 1px solid #000;
}
```

li 要素の疑似要素 ::before で縦線、疑似要素 ::after で横線を表現しています。li 要素の :last-child の疑似要素 ::before では bottom プロパティに line-height プロパティの半分の値である .9em を指定することで、長さを調整しています。わかりやすく線の間隔をあけて表すと、次のようになります。

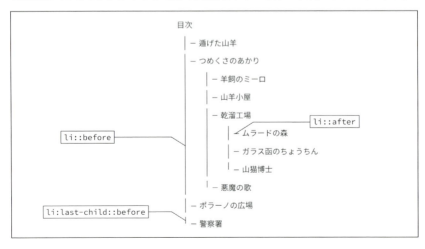

この手法は疑似要素で隠す手法とは違って背景色に依存しないため、汎用性が高いです。

▼ブラウザ対応表

IE	Edge	Firefox	Chrome	Safari	Opera	iOS Safari	Android
9	12	3.5	4	3	10	3	2.1

SECTION 57 パンくずリスト

　パンくずリストとは、Webサイトの中で今見ているWebページがどの階層に属するのかを視覚的にわかりやすく表現したものです。シンプルなデザインなら問題はありませんが、次のように複雑な形状だと画像を使って表現しようと思うかもしれません。

　しかし、画像を使って表現すると、リンク範囲は矩形のため、透明部分までクリック可能になってしまいます。

　このように、見た目とリンク範囲が大きく異なるとユーザビリティを損なう可能性があります。

「transform」の組み合わせ

　`transform` プロパティで変形された要素は、それに沿った範囲がリンク対象となります。

HTML

```
<ol class="breadcrumb">
  <li>
    <a href="#">ホーム</a>
  </li>
  <li>
    <a href="#">遁げた山羊</a>
  </li>
  <li>
```

```
    <a href="#">つめくさのあかり</a>
  </li>
  <li>
    <a href="#">ポラーノの広場</a>
  </li>
</ol>
```

```css
.breadcrumb {
  list-style: none;
}
.breadcrumb::after {
  display: block;
  content: '';
  clear: both;
}
.breadcrumb li {
  position: relative;
  float: left;
  z-index: 1;
}
.breadcrumb li:not(:first-child) {
  margin-left: 1.5em;
}
```

まずは `float` プロパティで横並びにします。`li` 要素間は `1.5em` の間隔をあけるようにします。

ホーム　遁げた山羊　つめくさのあかり　ポラーノの広場

次に、矢印の形状を表現するには2つの平行四辺形を組み合わせます。

```css
.breadcrumb a {
  display: block;
  position: relative;
  padding: .5em 1.4em;
  color: #212121;
```

```
    line-height: 1.8;
    text-decoration: none;
}
.breadcrumb a::before {
    position: absolute;
    top: 0;
    left: 0;
    right: 0;
    height: 50%;
    content: '';
    background-color: #f6f4e6;
    box-shadow: 0 2px #644622 inset,
                2.3094px 0 #644622 inset,
                -2.3094px 0 #644622 inset;
    transform: skewX(30deg);
    transform-origin: 0 0;
    z-index: -1;
}
```

上半分の平行四辺形を a 要素の疑似要素 ::before を使って描画します。 `transform-origin` プロパティで左上を中心に変形されるようにします。また、 `border` プロパティで小数点以下を含む値は指定しても正確に描画されないので、 `box-shadow` プロパティを使います。

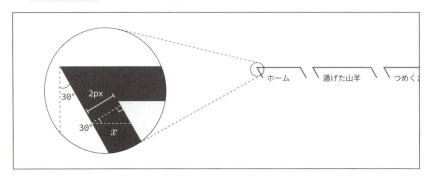

`skewX()` 関数で傾斜になっているので、線幅を 2px にしたい場合は三角関数を使う必要があります。三角関数より、次の関係式が成り立ちます。

$$\cos 30° = \frac{2}{x}$$

それにより、左右の線幅は 2.30940107676… です。

CSS

```css
.breadcrumb a::before, .breadcrumb a::after {
  position: absolute;
  left: 0;
  right: 0;
  height: 50%;
  content: '';
  background-color: #f6f4e6;
  z-index: -1;
}
.breadcrumb a::before {
  top: 0;
  box-shadow: 0 2px #644622 inset,
              2.3094px 0 #644622 inset,
              -2.3094px 0 #644622 inset;
  transform: skewX(30deg);
  transform-origin: 0 0;
}
.breadcrumb a::after {
  top: 50%;
  box-shadow: 2.3094px 0 #644622 inset,
              -2.3094px 0 #644622 inset,
              0 -2px #644622 inset;
  transform: skewX(-30deg);
  transform-origin: 0 100%;
}
```

同じように下半分を疑似要素 ::after を使って表現します。しかし、このままでは a 要素のリンク範囲の中に左の凹んだ三角形部分まで含まれてしまっています。

SECTION 57 ● パンくずリスト

これを防ぐには凹んでいる分、左に引き伸ばす必要があります。

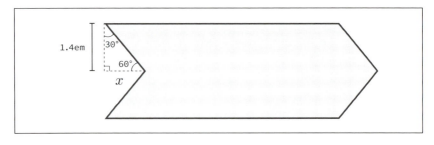

左に引き伸ばす距離を求めるには再び三角関数を使います。高さは `line-height` プロパティの値である `1.8` と上下の `padding` プロパティの値である `.5em` を足した `2.8em` なので、その半分である `1.4em` となります。

$$\tan 60° = \frac{1.4}{x}$$

上記の関係式より、求める距離は `0.80829037686…` となります。

CSS

```css
.breadcrumb a::before, .breadcrumb a::after {
  left: -.80829em;
}
```

`left` プロパティに求めた `-.80829em` を指定すると、引き伸ばせます。

CSS

```css
.breadcrumb {
  padding: 0 .80829em;
}
```

また、最初と最後の要素は引き伸ばした分飛び出してしまっているので、`.breadcrumb` で `padding` プロパティに引き伸ばした分を指定します。このように、矩形ではない形状をリンクにする場合は、`transform` プロパティを使って正しいリンク範囲にできます。

▼ブラウザ対応表

IE	Edge	Firefox	Chrome	Safari	Opera	iOS Safari	Android
9	12	3.5	4	5	10.6	4	4

SECTION 58 横スクロールナビ

横スクロールナビは主にスマートフォンなど画面幅が狭いデバイスの場合に使われます。スマートフォンではハンバーガーメニューが使われることが多いですが、CSSだけで実装できるため、横スクロールナビを使うWebサイトも増えてきています。

メニュー型

1行で横スクロールする文字だけのメニューです。

◆「table-cell」を使った手法

`display` プロパティに指定できる `table-cell` を使えば、横並びにできます。

HTML

```html
<div class="menu">
  <div class="item">
    <a href="#">ポラーノの広場</a>
  </div>
  ...
</div>
```

CSS

```css
.menu {
  white-space: nowrap;
  background-color: #7178b5;
  overflow-x: auto;
  -webkit-overflow-scrolling: touch;
}
.item {
  display: table-cell;
}
.item a {
  display: block;
  padding: .8em 1.4em;
  color: #fff;
```

```
    line-height: 1.75;
    text-decoration: none;
}
```

`.menu` で `white-space` プロパティに `nowrap` を指定して文字が折り返されないようにし、`overflow-x` プロパティに `auto` を指定して収まらない場合は横スクロールするようにします。

◆「inline-block」を使った手法

`display` プロパティに指定できる `inline-block` を使います。

HTML

```
<div class="menu">
  <div class="item">
    <a href="#">ポラーノの広場</a>
  </div>
  ...
</div>
```

CSS

```
.menu {
  white-space: nowrap;
  font-size: 0;
  background-color: #7178b5;
  overflow-x: auto;
  -webkit-overflow-scrolling: touch;
}
.item {
  display: inline-block;
}
.item a {
  display: block;
  padding: .8em 1.4em;
  color: #fff;
```

```
    line-height: 1.75;
    text-decoration: none;
    font-size: 15px;
}
```

《インラインブロックの隙間》(102ページ)で解説したように、`inline-block` を使って横並びにすると隙間ができるので、`font-size` プロパティを使った手法で隙間をなくしています。

◆Flexboxを使った手法

`display` プロパティに指定できる `flex` を使います。

HTML

```html
<div class="menu">
  <div class="item">
    <a href="#">ポラーノの広場</a>
  </div>
  ...
</div>
```

CSS

```css
.menu {
    display: flex;
    white-space: nowrap;
    background-color: #7178b5;
    overflow-x: auto;
    -webkit-overflow-scrolling: touch;
}
.item a {
    display: block;
    padding: .8em 1.4em;
    color: #fff;
    line-height: 1.75;
    text-decoration: none;
}
```

カード型

Googleの検索結果画面でも使われているカード型の横スクロールナビを実装します。

HTML

```html
<div class="menu">
  <div class="item">
    <a href="#">
      <img src="https://picsum.photos/1280/720?image=696">
      <div class="caption">あのイーハトーヴォの...</div>
    </a>
  </div>
  ...
</div>
```

CSS

```css
.menu {
  display: flex;
  overflow-x: auto;
  -webkit-overflow-scrolling: touch;
}
.item {
  flex: 0 0 42%;
}
.item:not(:first-child) {
  margin-left: 1.25em;
}
.item a {
  display: block;
  color: #212121;
  line-height: 1.8;
  text-decoration: none;
  font-size: .85em;
  box-shadow: 0 4px 7px 0 rgba(0, 0, 0, .1),
              0 2px 4px 0 rgba(0, 0, 0, .08);
}
.item img {
  display: block;
  width: 100%;
  height: auto;
```

SECTION 58 ● 横スクロールナビ

```
}
.caption {
  padding: 1.05em 1.2em;
}
```

Flexboxを使った手法で横並びにし、`.item` で `flex` プロパティに `0 0 42%` を指定して1つのカードの横幅が `42%` になるようにします。

横スクロールを実装できましたが、`box-shadow` プロパティによる影が途切れてしまっています。

CSS

```
.menu {
  padding: 2px 5px 7px;
}
```

そこで、`padding` プロパティを使って影の分だけ余白を作ります。

これで、上下左右の影が途切れなくなりましたが、横スクロールして右端までくると、右端の影だけ描画されていないことがわかります。`overflow` プロパティを使って横スクロールさせた内部で `padding` プロパティを使うと、右の `padding` だけ無視されてしまいます。

CSS

```css
.menu {
  padding: 2px 0 5px 7px;
}
.item:last-child {
  position: relative;
}
.item:last-child::before {
  position: absolute;
  top: 0;
  left: 100%;
  width: 5px;   /* padding-right */
  height: 1px;
  content: '';
}
```

`.menu` で `padding-right` プロパティには `0` を指定します。そして、疑似要素 `::before` を使って `padding-right` プロパティを表現します。すると、右端の影も描画されるようになります。

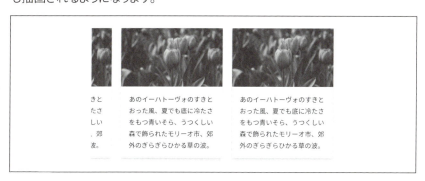

SECTION 58 ● 横スクロールナビ

✍ スクロールバーの非表示

Windowsではスクロールバーが常に表示されるため、隠したい場合があります。Macではスクロール中だけオーバーレイでスクロールバーが表示されますが、設定で常に表示することもできます。

スクロールバーを非表示にするためには、`overflow` プロパティを使ってはみ出した部分を隠します。

HTML

```html
<div class="container">
  <div class="menu">
    <div class="item">
      <a href="#">ポラーノの広場</a>
    </div>
    ...
  </div>
</div>
```

CSS

```css
.container {
  height: 3.35em;
  overflow: hidden;
}
.menu {
  height: 6em;
}
```

`.container` で `height` プロパティに高さを指定します。高さは `line-height` プロパティの `1.8` と上下の `padding` プロパティの `.8em` を2倍した値を足した `3.35em` となります。`.menu` では `height` プロパティに大きめの値である `6em` を指定してスクロールバーを含む高さをはみ出させます。

COLUMN スクロールスナップ

「CSS Scroll Snap」というスクロール領域での位置を調整できる機能があります。たとえば、カード型の横スクロールナビに次のようにCSSを指定してみます。

CSS

```css
.menu {
  scroll-snap-type: x mandatory;
}
.item {
  scroll-snap-align: center;
}
```

`scroll-snap-type` プロパティはスクロール位置の調整を行うかどうかを指定し、`x` を指定するとx軸方向でスクロール位置の調整を行うことを表し、`mandatory` を指定するとスクロール位置が調整できる場合に調整されるようになります。また、`scroll-snap-align` プロパティでスクロール位置が調整される際に、どの部分を基準とするかを指定でき、`center` を指定すると、`.item` の中央でスクロール位置が固定されるようになります。

JavaScriptライブラリのカルーセルのような操作性になります。

SECTION 58 ● 横スクロールナビ

▼ブラウザ対応表（「table-cell」を使った手法）

IE	Edge	Firefox	Chrome	Safari	Opera	iOS Safari	Android
8	12	3	4	3	10.6	3	2.1

▼ブラウザ対応表（「inline-block」を使った手法）

IE	Edge	Firefox	Chrome	Safari	Opera	iOS Safari	Android
8	12	4	4	3	15	3	4

▼ブラウザ対応表（Flexboxを使った手法）

IE	Edge	Firefox	Chrome	Safari	Opera	iOS Safari	Android
10	12	34	4	3	12.1	3	2.1

▼ブラウザ対応表（カード型）

IE	Edge	Firefox	Chrome	Safari	Opera	iOS Safari	Android
10	12	22	21	6.2	12.1	7	4.4

CHAPTER 7
アニメーション

SECTION 59 点滅

昔は `blink` というタグがあり、このタグを使えば要素を点滅させることができました。現在では `blink` タグは廃止されて、代わりにCSSを使ってアニメーションで表現する必要があります。

「opacity」を使った手法

`opacity` プロパティを使うとふわっとした点滅になります。

HTML

```html
<div class="circle"></div>
```

CSS

```css
.circle {
  width: 100px;
  height: 100px;
  border-radius: 50%;
  background-color: #4a4f92;
  animation-name: blink;
  animation-duration: 1s;
  animation-timing-function: ease-out;
  animation-iteration-count: infinite;
}
@keyframes blink {
  100% {
    opacity: 0;
  }
}
```

`@keyframes` で `100%` のときに `opacity` プロパティに `0` を指定して透明にしています。

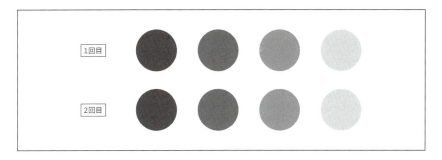

しかし、これではたとえば1回目の終わりから2回目に切り替わるときに急激に opacity プロパティの値が 0 から 1 へ変化してしまいます。

CSS

```
@keyframes blink {
  50% {
    opacity: 0;
  }
}
```

そこで、50% のときに opacity プロパティに 0 を指定すれば前後で滑らかにアニメーションがつながるようになります。

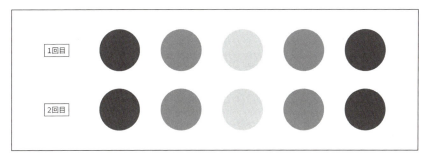

また、animation-direction プロパティに alternate を指定することで同じ表現ができます。

SECTION 59 ● 点滅

CSS
```css
.circle {
  animation-name: blink;
  animation-duration: .5s;
  animation-timing-function: ease-out;
  animation-iteration-count: infinite;
  animation-direction: alternate;
}
@keyframes blink {
  100% {
    opacity: 0;
  }
}
```

`alternate` を指定すると、2回目、4回目など偶数回目のときにアニメーションの向きを反転できます。つまり、奇数回目のときには `opacity` プロパティの値は 1 から 0 へ変化しますが、偶数回目のときには 0 から 1 へ変化するということです。これでなめらかにつなぐことができるのです。また、先ほどは 1s で2回点滅していましたが、`alternate` を使うと 1s で1回点滅します。同じ速度で点滅するには .5s で半分の値を指定する必要があります。

「visibility」を使った手法

`opacity` プロパティを使った手法ではふわっと点滅しましたが、blink タグが使えた当時は表示されて非表示になるという2フレームだけでした。

HTML
```html
<div class="circle"></div>
```

CSS
```css
.circle {
  width: 100px;
  height: 100px;
  border-radius: 50%;
  background-color: #4a4f92;
  animation-name: blink;
  animation-duration: 1s;
  animation-timing-function: ease-out;
```

```
  animation-iteration-count: infinite;
}
@keyframes blink {
  0%, 50% {
    visibility: hidden;
  }
}
```

visibility プロパティを使うと急激に表示と非表示を切り替えられます。0% から 50% の間は非表示になり、50% から 100% の間は表示されます。

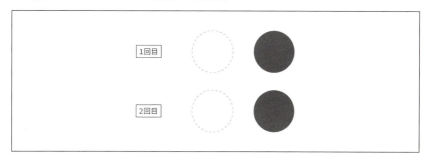

この場合、非表示の状態から表示に切り替わりますが、逆に表示から非表示にしたい場合は animation-direction プロパティを使えばよいです。

CSS

```
.circle {
  animation-name: blink;
  animation-duration: 1s;
  animation-timing-function: ease-out;
  animation-iteration-count: infinite;
  animation-direction: reverse;
}
```

animation-direction プロパティに reverse を指定するとアニメーションが逆に再生されます。

SECTION 59 ● 点滅

COLUMN グラデーションのアニメーション

グラデーションをアニメーションさせることができるWebサイトがあります。

● CSS GRADIENT ANIMATOR

URL https://www.gradient-animator.com/

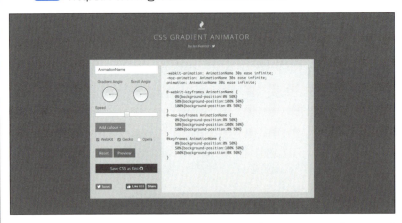

[Add colour +]ボタンをクリックして、最低、2色追加した後に[Preview]ボタンをクリックすると背景のグラデーションがアニメーションされます。

▼ブラウザ対応表

IE	Edge	Firefox	Chrome	Safari	Opera	iOS Safari	Android
10	12	5	4	5.1	12.1	4.3	4

SECTION 60 マーキー

　HTML5で廃止された marquee 要素のような端から端へ流れるアニメーションをCSSアニメーションを使って実装します。よく駅で見かける電光掲示板に流れるテキストのようなアニメーションを想像してもらうとわかりやすいと思います。

「block」と「inline-block」の違い

　マーキーアニメーションを実装するにあたって重要なのが、display プロパティに指定できる block と inline-block の違いです。

HTML

```html
<div class="outer">
  <div class="inner">ポラーノの広場</div>
</div>
```

CSS

```css
.outer {
  width: 300px;
}
.inner {
  display: block;
  padding-left: 100%;
  background-color: #b0d9d7;
}
```

　display プロパティに block を指定しているときに padding-left プロパティを 100% にすると、親要素 .outer の横幅を飛び出します。しかし、次のように背景色は 300px しか描画されていません。つまり、display プロパティの値が block のときは親要素の幅をはみ出すことはないということです。

SECTION 60 ● マーキー

一方、`display` プロパティに `inline-block` を指定したときは違う挙動になります。

CSS

```css
.outer {
  width: 300px;
}
.inner {
  display: inline-block;
  padding-left: 100%;
  background-color: #b0d9d7;
}
```

背景色がはみ出ているテキストの範囲まで描画されていることがわかります。これは `inline-block` に限らず、`inline-flex` などの `inline-*` 系の値であれば同じ挙動になります。この性質がマーキーアニメーションを実装するにあたって非常に重要となります。

CSSアニメーションで再現する

CSSでアニメーションを作るときには `@keyframes` で定義します。今回はアニメーションが開始した直後である `0%` と終了する直前である `100%` のときの状態を記述していきます。

CSS

```css
@keyframes marquee {
  0% {
    transform: translate3d(0, 0, 0);
  }
  100% {
    transform: translate3d(-100%, 0, 0);
  }
}
```

アニメーションの開始直後は `transform` プロパティに `translate3d(0, 0, 0)` と初期位置を指定します。アニメーションの終了直前には `translate3d(-100%, 0, 0)` とすることで、左端まで移動させるようにします。

HTML

```html
<div class="marquee">
  <div class="inner">あのイーハトーヴォの...</div>
</div>
```

CSS

```css
.marquee {
  overflow: hidden;
}
.inner {
  display: inline-block;
  padding-left: 100%;
  white-space: nowrap;
  animation-name: marquee;
  animation-duration: 10s;
  animation-timing-function: linear;
  animation-iteration-count: infinite;
}
```

display プロパティに inline-block を指定し、padding-left プロパティに 100% を指定することで最初は右端からアニメーションするようにします。inline-block にすることで translate3d(-100%, 0, 0) で移動したときに、テキストの範囲まで横幅として認識されるようになります。

そして、white-space プロパティに nowrap を指定して、テキストが改行しないようにします。最後に、animation-name プロパティで @keyframes で定義したアニメーションの名前を指定し、animation-duration プロパティで右端から左端まで何秒で移動するかを指定しています。

また、animation-iteration-count プロパティに infinite を指定すると、無制限にアニメーションを繰り返します。

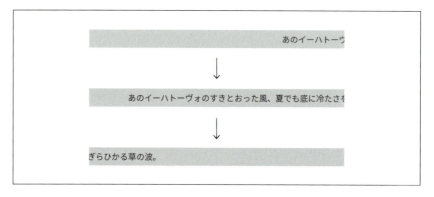

また、animation-play-state プロパティを使うと、ホバーしたときにアニメーションを一時停止させることができます。

CSS

```
.marquee:hover .inner {
  animation-play-state: paused;
}
```

COLUMN なめらかなアニメーション

　今回、`@keyframes` で定義したアニメーションには `translate3d()` を使っています。単に移動させるだけなら `translateX()` を使えばよいと思うかもしれません。CSSでは3D系の指定をあえてすることで、アニメーションがGPUによってレンダリングされるようになり、非常に滑らかなアニメーションになります。

　しかし、`transform3d()` を使った手法はブラウザをだまして無理矢理GPUにレンダリングさせるものであり、使いすぎるとGPUのメモリ使用量が多くなってしまい、逆にパフォーマンスに影響してしまいます。

　そこで、必要に応じて最適化できる `will-change` プロパティというものがあります。たとえば、次のようなホバーすると透明度を変化させるアニメーションを最適化してみます。

HTML

```html
<div class="outer">
  <div class="inner">...</div>
</div>
```

CSS

```css
.inner {
  transition: opacity .2s;
}
.inner:hover {
  opacity: .7;
  will-change: opacity;
}
```

　単純にホバーしたときに `will-change` プロパティで `opacity` を最適化してはいけません。すでに起こっている透明度の変化に対する最適化では効果がないのです。

```css
.outer:hover .inner {
  will-change: opacity;
}
.inner {
  transition: opacity .2s;
}
.inner:hover {
  opacity: .7;
}
```

　そこで、親要素 .outer にホバーされたときに will-change プロパティで最適化します。すると、ブラウザは .outer にホバーされたときに .inner の最適化を行うことができます。 will-change プロパティを使えば必要に応じて最適化できるため、パフォーマンスの向上にもつながります。

```css
.element {
  transform: perspective(0);
  backface-visibility: hidden;
}
```

　また、ChromeやSafariなどでアニメーションのちらつきが見られる場合は、transform プロパティの perspective(0) や backface-visibility プロパティを使うことで改善できます。

▼ブラウザ対応表

IE	Edge	Firefox	Chrome	Safari	Opera	iOS Safari	Android
10	12	10	4	4	15	5	4

SECTION 61 波紋

マテリアルデザインでも使われている波紋アニメーションを実装してみます。イメージとしては、GPSマップの現在地を表すアニメーションに近いです。

「transform」を使った手法

transform プロパティに指定できる scale() 関数を使って拡大させる手法です。

HTML

```
<div class="circle"></div>
```

CSS

```
.circle {
  position: relative;
  width: 100px;
  height: 100px;
  border-radius: 50%;
  background-color: #1374e2;
}
.circle::before {
  position: absolute;
  top: 0;
  left: 0;
  width: 100%;
  height: 100%;
  content: '';
  border-radius: 50%;
  background-color: rgba(0, 0, 0, .4);
  animation-name: pulse;
  animation-duration: 1s;
  animation-timing-function: ease-out;
  animation-iteration-count: infinite;
  z-index: -1;
}
@keyframes pulse {
```

```
  100% {
    opacity: 0;
    transform: scale(2.2);
  }
}
```

　.circle で円を作り、疑似要素 ::before では波紋アニメーション用の半透明な黒色の円を用意します。@keyframes で 100% のときに透明にして、大きさを2.2倍に拡大させることで波紋のように見せています。animation プロパティに @keyframes で定義した名前と同じ pulse を指定し、1s で1秒かけてアニメーションされるようにします。inifinite を指定するとずっと繰り返しアニメーションが再生されます。

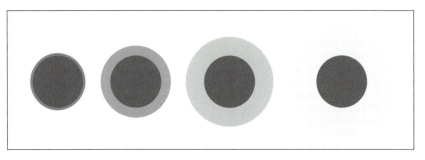

「box-shadow」を使った手法

　transform を使った手法では疑似要素を用意する必要がありましたが、box-shadow プロパティを使えばもっと簡潔に表現できます。

HTML

```
<div class="circle"></div>
```

CSS

```
.circle {
  width: 100px;
  height: 100px;
  border-radius: 50%;
  background-color: #1374e2;
  animation-name: pulse;
```

```
  animation-duration: 1s;
  animation-timing-function: ease-out;
  animation-iteration-count: infinite;
}
@keyframes pulse {
  0% {
    box-shadow: 0 0 0 0 rgba(0, 0, 0, .4);
  }
  100% {
    box-shadow: 0 0 0 60px rgba(0, 0, 0, 0);
  }
}
```

`0%` のときには `box-shadow` が描画されないようにしておき、`100%` のときに `box-shadow` プロパティの第4引数に `60px` を指定して、波紋の広がり距離を指定します。また、影の色を完全になくすために `rgba(0, 0, 0, 0)` のようにアルファ値を `0` にしています。

CSS

```
@keyframes pulse {
  0% {
    box-shadow: 0 0 0 0 #fff,
                0 0 3px 8px rgba(0, 0, 0, .4);
  }
  100% {
    box-shadow: 0 0 0 60px #fff,
                0 0 3px 60px rgba(0, 0, 0, 0);
  }
}
```

また、`box-shadow` にはカンマ区切りで複数の値を指定できるので、組み合わせることで一味違ったアニメーションにできます。半透明の黒色の上に少し小さめの白色を重ねることで、その差が波のようになります。`box-shadow` の第4引数が広がり距離なので、`0%` のときには `0` と `8px` の差である `8px` 分の半透明な黒色のリングが表示されますが、`100%` のときには `60px` と `60px` の差は `0` なのでリングは消滅します。

SECTION 61 ● 波紋

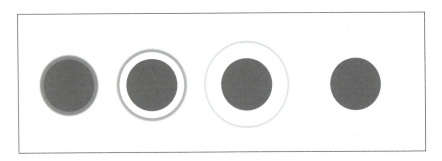

▼ブラウザ対応表（「transform」を使った手法）

IE	Edge	Firefox	Chrome	Safari	Opera	iOS Safari	Android
10	12	5	26	6.2	15	6.2	4.4

▼ブラウザ対応表（「box-shadow」を使った手法）

IE	Edge	Firefox	Chrome	Safari	Opera	iOS Safari	Android
10	12	5	4	5.1	12.1	5.1	4

SECTION 62 パラパラアニメ

複雑なアニメーションを実装する際、CSSだけで表現するよりも画像を使った方が簡単な場合があります。たとえば、Twitterのお気に入りボタンにはCSSスプライトアニメーションが使われています。GIF画像でアニメーションすればよいと思う人もいるかもしれませんが、GIF画像は任意のタイミングで再生が難しく、パフォーマンスの観点から画像の解像度を高くするのは難しいです。CSSスプライトアニメーションなら、SVG画像を使うことができるので、鮮明なアニメーションが可能となります。

アニメーションの実装

まずは、すべてのコマをつなげたスプライト画像 `sprite.svg` を作成します。

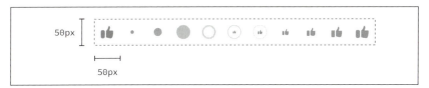

1コマ `50px` の幅で作成しています。今回は11コマで作成しましたが、コマ数を増やせばよりなめらかなアニメーションにできます。

HTML

```
<div class="good"></div>
```

CSS

```
.good {
  width: 80px;
  height: 80px;
  background-image: url(sprite.svg);
  background-position: 0 0;
  background-size: 1100% 100%;
  background-repeat: no-repeat;
}
```

```
.good:hover {
  background-position: 100% 0;
  transition: background-position .8s steps(10);
}
```

　background-position プロパティに 0 0 を指定して、最初のコマを表示させます。background-size プロパティには縦はいっぱいの 100% で横は11コマ分の 1100% を指定します。.good にホバーしたら、background-position プロパティに 100% 0 を指定して最後のコマを表示させます。このとき、transition プロパティに steps() 関数を使っていることが重要です。通常は transition プロパティを使うと開始位置と終了位置の間はなめらかに補間されます。しかし、steps() 関数を使うとステップに分割され、急激に切り替わるようになります。11コマのうち、最初の1コマを除いた10コマをアニメーションさせるので、steps(10) としています。

▼ブラウザ対応表

IE	Edge	Firefox	Chrome	Safari	Opera	iOS Safari	Android
10	12	5	4	5.1	12.1	5	4

SECTION 63 蛍光マーカー

　CSSで蛍光マーカー風の下線を引く手法はよく知られていますが、アニメーションさせる手法はあまり知られていません。

「background-position」によるアニメーション

　`background-size` プロパティを使った手法もありますが、IEでは `transition` プロパティが効かないため、`background-position` プロパティを使います。

HTML

```
<div class="marker">
  <div class="inner">あのイーハトーヴォの...</div>
</div>
```

CSS

```
.inner {
  display: inline;
  background-image: linear-gradient(
                      90deg,
                      #fff87e 50%,
                      transparent 50%
                    );
  background-position: 100% 0%;
  background-size: 200% 100%;
  background-repeat: no-repeat;
  transition: background-position .5s ease-out;
}
.marker:hover .inner {
  background-position: 0% 0%;
}
```

SECTION 63 ● 蛍光マーカー

.marker にホバーすると、蛍光マーカーが左から右に引かれます。

あのイーハトーヴォの　　あのイーハトーヴォの　　あのイーハトーヴォの
すきとおった風　　　　　すきとおった風　　　　　すきとおった風

左半分が黄色で右半分が透明のグラデーションを作成し、background-size プロパティに 200% を指定して2倍のサイズにします。はじめは background-position プロパティに 100% 0% を指定して、グラデーションの右半分を背景として設定します。

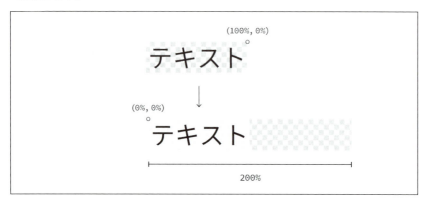

ホバーしたら、background-position プロパティに 0% 0% を指定して、グラデーションの左半分を背景として設定します。間は transition プロパティによってなめらかにアニメーションするようになります。 0% のように 0 に単位を指定しているのは、IEでは 0 にも単位を付けないとアニメーションしないからです。

COLUMN 色々な下線

`text-decoration` プロパティを使えば下線を引けますが、細かくカスタマイズすることはできません。そこで、蛍光マーカーのようにグラデーションを使うことで、線幅や位置など自由にカスタマイズできます。

HTML

あの`<div class="underline">`イーハトーヴォ`</div>`のすきとおった風

CSS

```css
.underline {
  display: inline;
  padding-bottom: 3px;
  background-image: linear-gradient(#fe3464, #fe3464);
  background-position: 0 100%;
  background-size: 100% 2px;
  background-repeat: repeat-x;
}
```

`background-position` プロパティで左下から描画されるようにして、`background-size` プロパティで 2px の線幅にしています。

`padding-bottom` プロパティに 3px と指定することで、文字と下線との間隔を微調整しています。

> あのイーハトーヴォのすきとおった風

また、`repeating-linear-gradient()` 関数を使うことで破線を表現できます。

CSS

```css
.underline {
  display: inline;
  padding-bottom: 3px;
  background-image: repeating-linear-gradient(
                    90deg,
                    #fe3464,
                    #fe3464 5px,
                    transparent 5px,
```

▼

SECTION 63 ● 蛍光マーカー

```
                transparent 10px
            );
    background-position: 0 100%;
    background-size: 100% 2px;
    background-repeat: repeat-x;
}
```

　他にも複数のグラデーションを組み合わせることで、より複雑な下線を表現できます。

あのイーハトーヴォのすきとおった風

▼ブラウザ対応表

IE	Edge	Firefox	Chrome	Safari	Opera	iOS Safari	Android
10	12	4	4	4	15	4	4

SECTION 64 スライド

色々なWebサイトで見かけることが多くなったスライドエフェクトがあります。はじめは要素が非表示になっていて、要素上に矩形が左からスライドインして、右へスライドアウトした後にコンテンツが表示されるというエフェクトです。

アニメーションの実装

まずは、スライドする矩形のアニメーションを作ります。

HTML

```html
<div class="text">
  <div class="inner">ポラーノの広場</div>
</div>
```

CSS

```css
.text {
  display: inline-block;
  position: relative;
}
.text::before {
  position: absolute;
  top: 0;
  left: 0;
  width: 100%;
  height: 100%;
  content: '';
  background-color: #00b99d;
  animation-name: in, out;
  animation-duration: .5s;
  animation-delay: 0s, .5s;
  animation-timing-function: cubic-bezier(.75, 0, .2, 1);
  animation-fill-mode: backwards, forwards;
}
@keyframes in {
  0% {
    transform-origin: 0 0;
```

407

```
    transform: scale3d(0, 1, 1);
  }
  100% {
    transform-origin: 0 0;
    transform: scale3d(1, 1, 1);
  }
}
@keyframes out {
  0% {
    transform-origin: 100% 0;
    transform: scale3d(1, 1, 1);
  }
  100% {
    transform-origin: 100% 0;
    transform: scale3d(0, 1, 1);
  }
}
```

スライドインは `in` 、スライドアウトは `out` と分けて記述します。 `in` では `transform-origin` プロパティに `0 0` を指定し、左から矩形が伸びるようにします。 `out` では `transform-origin` プロパティに `100% 0` を指定し、右へ矩形が縮むようにします。 `animation-delay` プロパティには `0s, .5s` と指定し、スライドアウトのアニメーションは、スライドインが終わってから再生されるようにします。

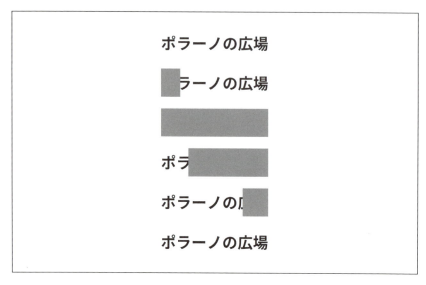

また、animation-timing-function プロパティには cubic-bezier() 関数を使ってタイミングを調整しています。cubic-bezier() 関数を使う際に便利なWebサイトがあります。

- cubic-bezier.com
  URL http://cubic-bezier.com

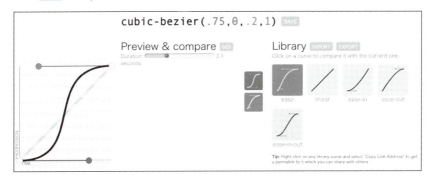

cubic-bezier(.75, 0, .2, 1) と指定すると、最初はゆっくりで中間は素早く、最後は再びゆっくりアニメーションするようになります。

CSS

```
.inner {
  animation-name: show;
  animation-duration: 1s;
}
@keyframes show {
  0%, 50% {
    visibility: hidden;
  }
  100% {
    visibility: visible;
  }
}
```

最後に、はじめはコンテンツを非表示にしておくために .inner に指定します。animation-duration プロパティにスライドインとスライドアウトの時間を合わせた 1s を指定します。すると、非表示の状態から矩形がスライドインしてスライドアウトするアニメーションが完成します。

SECTION 64 ● スライド

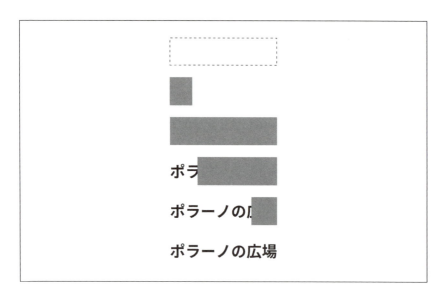

> **COLUMN** スクロールに連動する
>
> 　スクロールして可視領域に入ってからアニメーションさせるにはJavaScriptを使う必要があります。基本的にはライブラリを使った方がよいですが、ここでは手軽に確認できるように簡単なスクリプトを紹介します。
>
> **HTML**
>
> ```
> <div class="text loading">
>   <div class="inner">ポラーノの広場</div>
> </div>
> ```
>
> 　はじめはアニメーションさせたい要素に `.loading` クラスを指定しておき、JavaScriptで `.loading` クラスを削除することでアニメーションされるようにします。
>
> **CSS**
>
> ```
> /* 変更前 */
> .text::before { ... }
> /* 変更後 */
> .text:not(.loading)::before { ... }
> ```

また、CSSも1箇所だけ変更する必要があります。`.loading` クラスがないときにアニメーションが再生されるように疑似クラス `:not()` を使います。

JavaScript

```javascript
// 対象となる要素
const target = document.querySelector('.text');
// 画面下部からの閾値
const threshold = 200;

window.addEventListener('scroll', () => {
  // ブラウザの可視領域の下部から200pxの位置に到達したとき
  if (window.innerHeight > target.getBoundingClientRect().top + threshold) {
    // .loadingクラスを削除
    target.classList.remove('loading');
  }
});
```

後はJavaScriptでスクロール位置によって `.loading` クラスを削除する処理を実装します。

▼ブラウザ対応表

IE	Edge	Firefox	Chrome	Safari	Opera	iOS Safari	Android
10	12	10	36	6.2	15	7	4.4

CHAPTER 8

その他

文字色の継承

CSSにはあるプロパティの値を継承するときに、`inherit` という値を指定すれば親要素の同じプロパティの値を継承できます。しかし、文字色を示す `color` プロパティの値と同じ値を別のプロパティの値として使いたい場合には `inherit` を使えません。

「currentColor」値

`currentColor` は現在の `color` プロパティに指定された値を参照できます。

HTML

```html
<div class="box">ポラーノの広場</div>
```

CSS

```css
.box {
  color: #007bc8;
  border: 1px solid currentColor;
}
```

たとえば、`border` の色を文字色と同じにしたいときには `currentColor` を指定すると、次のようになります。

> ポラーノの広場

`border` 以外にも `background` や `box-shadow` などの色を指定できるプロパティなら何でも使えます。

CSS

```css
.box {
  color: #007bc8;
  border: 1px solid currentColor;
}
```

▼

```
.box:hover {
  color: #ee1e2a;
}
```

疑似クラス `:hover` で色を変えてみると、`border-color` プロパティには `currentColor` が指定されているので、ホバーしたときに線の色も同時に変わります。

有効活用できる場面

1つの要素だとわかりにくいですが、同じ要素で色だけ変えたい場合などに使うとCSSの記述量を減らせます。

HTML

```
<div class="box green">緑色</div>
<div class="box blue">青色</div>
<div class="box red">赤色</div>
```

CSS

```
.box {
  border: 1px solid currentColor;
}
.box.green {
  color: #00c84d;
}
.box.blue {
  color: #007bc8;
}
.box.red {
  color: #ee1e2a;
}
```

`currentColor` で記述することにより、それぞれの色ごとに `border` プロパティを定義する必要がなくなります。

SECTION 65 ● 文字色の継承

> **COLUMN** 「inherit」との違い
>
> inherit は親要素の同じプロパティの値を継承するのに対し、currentColor は現在の要素の color プロパティの値を継承します。また、inherit は次のように一部の値を継承することはできません。
>
> **CSS**
>
> ```
> padding: 1em inherit;
> ```
>
> 一部の値のみ継承したい場合は分けて記述する必要があります。
>
> **CSS**
>
> ```
> padding: 1em;
> padding-left: inherit;
> padding-right: inherit;
> ```

▼ブラウザ対応表

IE	Edge	Firefox	Chrome	Safari	Opera	iOS Safari	Android
9	12	2	4	4	10.1	4.1	2.1

カウンター

CSSにはカウンターという機能があり、連番などを自動的に作成できます。疑似要素の content プロパティで使用可能な counter() 関数を使って連番を出力できます。このテクニックを応用すれば、変更に強いだけでなくデザインの幅を広げられます。

連番付きの見出し

h2 の見出しに連番を付けてみます。

HTML

```html
<body>

<h2>...</h2>
<h2>...</h2>
<h2>...</h2>
...

</body>
```

CSS

```css
body {
  counter-reset: count;
}
h2::before {
  margin-right: .4em;
  content: counter(count);
  counter-increment: count;
}
```

まずは、カウントしたい h2 要素の親要素にあたる body で counter-reset プロパティに count を指定して、body 要素内だけでカウントされるように初期化します。 count という値はカウンターの名前なので任意の値を指定できます。

SECTION 66 ● カウンター

そして、h2 要素の疑似要素 ::before で counter-increment プロパティに count を指定してカウンターがカウントアップされるようにします。後は content プロパティで使える counter() 関数で count カウンタが参照されるようにすれば、連番を出力できます。

```
1 遁げた山羊
2 つめくさのあかり
3 ポラーノの広場
```

また、counter-reset にはカウンターの名前と一緒に初期値を指定することもできます。

CSS

```
body {
  counter-reset: count -1;
}
```

たとえば、-1 をセットで指定するとカウントが -1 から始まるので、次のように 0から連番が表示されるようになります。

```
0 遁げた山羊
1 つめくさのあかり
2 ポラーノの広場
```

連番と文字の組み合わせ

連番だけでなく、第1章のように文字と組み合わせることもできます。

HTML

```
<body>

<h2>...</h2>
<h2>...</h2>
<h2>...</h2>
...

</body>
```

SECTION 66 カウンター

CSS

```
body {
  counter-reset: count;
}
h2::before {
  margin-right: .4em;
  content: '第' counter(count) '章';
  counter-increment: count;
}
```

content プロパティには文字を指定できるので、counter() 関数で出力するカウンターの前後に文字を指定すると、次のように組み合わせて表示できます。

> 第1章 逃げた山羊
> 第2章 つめくさのあかり
> 第3章 ポラーノの広場

連番をゼロ埋めで表示する

counter() 関数の第2引数には list-style-type プロパティの値を指定することができ、色々な表示形式を表示できます。

HTML

```
<body>

<h2>...</h2>
<h2>...</h2>
<h2>...</h2>
...

</body>
```

CSS

```
body {
  counter-reset: count;
}
h2::before {
```

SECTION 66 ● カウンター

```
  margin-right: .4em;
  content: counter(count, decimal-leading-zero);
  counter-increment: count;
}
```

`decimal-leading-zero` を指定すると、連番をゼロ埋めで表示できます。

> 01 遁げた山羊
> 02 つめくさのあかり
> 03 ポラーノの広場

他に指定できる値はMDNのページを見るとよいです。

- list-style-type
  URL https://developer.mozilla.org/ja/docs/Web/CSS/list-style-type

入れ子のカウンター

`ol` と `li` が入れ子になった規則的な構造の場合は `counters()` 関数を使って簡潔に記述できます。

```html
<ol>
  <li>...</li>          <!-- 1       -->
  <li>...              <!-- 2       -->
    <ol>
      <li>...</li>      <!-- 2.1     -->
      <li>...</li>      <!-- 2.2     -->
      <li>...           <!-- 2.3     -->
        <ol>
          <li>...</li>  <!-- 2.3.1 -->
        </ol>
        <ol>
          <li>...</li>  <!-- 2.3.1 -->
          <li>...</li>  <!-- 2.3.2 -->
        </ol>
      </li>
      <li>...</li>      <!-- 2.4     -->
  </ol>
```

```
    </li>
    <li>...</li>        <!-- 3    -->
    <li>...</li>        <!-- 4    -->
</ol>
```

```css
ol {
  margin-left: 1em;
  counter-reset: count;
  list-style: none;
}
li::before {
  margin-right: .4em;
  content: counters(count, '.');
  counter-increment: count;
}
```

ol 要素で counter-reset プロパティを指定してカウントが初期化されるようにします。また、list-style プロパティに none を指定して、ol 要素にデフォルトで表示される連番を非表示にします。li::before で content プロパティに counters() 関数を使って連番を表示させます。第2引数には区切り文字を指定でき、ここではドットを指定しています。

```
1 逃げた山羊
2 つめくさのあかり
  2.1 羊飼いのミーロ
  2.2 山羊小屋
  2.3 乾溜工場
    2.3.1 ムラードの森
    2.3.1 ガラス函のちょうちん
    2.3.2 山猫博士
  2.4 悪魔の歌
3 ポラーノの広場
4 警察署
```

SECTION 66 ● カウンター

COLUMN チェックボックスの選択数

カウンターを使えば、何個のチェックボックスが選択されたかをカウントできます。

HTML

```html
<div class="checkbox">
  <label>
    <input type="checkbox">
    逃げた山羊
  </label>
  <label>
    <input type="checkbox">
    つめくさのあかり
  </label>
  <label>
    <input type="checkbox">
    ポラーノの広場
  </label>
</div>
<div class="count"></div>
```

CSS

```css
.checkbox {
  counter-reset: checked;
}
.checkbox input:checked {
  counter-increment: checked;
}
.count::before {
  content: counter(checked) '個選択されています';
}
```

疑似クラス `:checked` でチェックされたらカウントするようにします。

☐ 逃げた山羊 ☑ つめくさのあかり ☑ ポラーノの広場
2個選択されています

▼ブラウザ対応表

IE	Edge	Firefox	Chrome	Safari	Opera	iOS Safari	Android
8	12	2	4	3.1	10.1	3.2	2.1

SECTION 67 カスタムプロパティ

　CSSで変数を扱うには、SassやLessのようなプリプロセッサを使う必要がありました。しかし、CSSでも標準で変数（カスタムプロパティ）が使えるようになりました。

変数の宣言と参照

　変数を宣言するときは `--変数名` のように記述します。

CSS
```css
:root {
  --bg-color: red;
}
```

　`:root` セレクタ内に記述することで、どこからでも参照できるグローバル変数として扱えます。

CSS
```css
body {
  background-color: var(--bg-color);
}
```

　宣言した変数を使うときは `var()` 関数の中に変数名を指定します。これで、画面全体の背景色が赤色になります。

CSS
```css
body {
  background-color: var(--bg-color, blue);
}
```

　また、`var()` 関数の第2引数に代替値を指定でき、この場合は `--bg-color` が定義されていなければ `blue` が代わりに使われます。

SECTION 67 ● カスタムプロパティ

```css
body {
  background-color: var(--bg-color-1, var(--bg-color-2, blue));
}
```

var() 関数は入れ子にすることもでき、--bg-color-1 と --bg-color-2 が定義されていなければ blue が代わりに使われます。

```css
body {
  background-image: linear-gradient(var(--bg-color, red, blue));
}
```

代替値は複数指定することもでき、第2引数以降はすべて代替値となります。 --bg-color が定義されていなければ、red, blue が代わりに使われて、赤から青に変化するグラデーションになります。 linear-gradient() や calc() などのようにCSS関数内で変数を使うことができるのでとても便利です。

変数のスコープ

:root セレクタ内で変数を宣言すると、どこでも使えるグローバル変数となります。単なるセレクタ内で変数を宣言すると、そのセレクタ内だけで使えるローカル変数となります。

```css
:root {
  --bg-color: red;   /* グローバル変数 */
}
body {
  background-color: var(--bg-color);   /* red */
}
p {
  --bg-color: blue;   /* ローカル変数 */
  background-color: var(--bg-color);   /* blue */
}
```

body 要素ではグローバル変数の値 red が参照されますが、p 要素では --bg-color が定義されているので、上書きされて blue となります。

メディアクエリとの組み合わせ

メディアクエリと変数を組み合わせることで簡単にレスポンシブ対応できます。例として、《Flexboxによるグリッドシステム》（134ページ）で実装した、カラムに間隔をあけたグリッドを作成してみます。画面幅が広いときにはカラムどうしの間隔は大きくてもよいですが、狭いときにカラムどうしの間隔が大きいと窮屈になってしまいます。そこで、メディアクエリを使って画面幅に応じてカラムどうしの間隔を調整してみます。

CSS

```css
:root {
  --vertical-gutter: 16px;    /* 上下の間隔 */
  --horizontal-gutter: 12px;  /* 左右の間隔 */
}
@media (min-width: 420px) {
  :root {
    --vertical-gutter: 20px;
    --horizontal-gutter: 15px;
  }
}
@media (min-width: 768px) {
  :root {
    --vertical-gutter: 25px;
    --horizontal-gutter: 20px;
  }
}
```

まずは、上下と左右の間隔を変数を使って宣言します。画面幅が `420px` 以上のときには上下 `20px` で左右 `15px` 、画面幅が `768px` 以上のときには上下 `25px` で左右 `20px` 、それ以外のときには上下 `16px` で左右 `12px` の間隔をあけるように指定しています。

CSS

```css
.grid {
  display: flex;
  flex-wrap: wrap;
  margin: calc(-1 * var(--vertical-gutter)) 0
          0 calc(-1 * var(--horizontal-gutter));
```

```
}
.column {
  box-sizing: border-box;
  flex: 0 0 33.33333%;
  padding: var(--vertical-gutter) 0 0 var(--horizontal-gutter);
  max-width: 33.33333%;
  min-width: 0;
  word-wrap: break-word;
}
```

　後は、グリッドシステムのCSSでカラムどうしの間隔部分を `var()` 関数に置き換えるだけです。`margin` プロパティでネガティブマージンを指定するために、`calc()` 関数を使って `-1` を掛けた値にしていることがポイントです。

注意すべき点
CSSで変数を使うにあたって、注意が必要な点がいくつかあります。

◆ 大文字と小文字の区別
`--bg-color` と `--BG-COLOR` は別の変数として扱われます。

CSS
```
:root {
  --bg-color: red;
  --BG-COLOR: blue;
}
```

◆ プロパティ名には使用不可能
変数は値にのみ使用できます。

CSS
```
body {
  --property: background-color;
  var(--property): red;
}
```

　プロパティ名に指定することはできないので無効となります。

SECTION 67 ■ カスタムプロパティ

◆ 値の一部には使用不可能

変数の呼び出し後に `px` などの単位を付けても無効となります。

CSS

```css
body {
  --size: 25;
  font-size: var(--size) px;
}
```

この場合、`25px` とはなりません。`--size` に `25px` と単位を含めた値を指定するか、次のように `calc()` 関数を使う必要があります。

CSS

```css
body {
  --size: 25;
  font-size: calc(1px * var(--size));
}
```

`1px` を掛ければ単位を付けることができます。

プリプロセッサとの違い

CSSの変数はとても便利ですが、SassやLessなどのプリプロセッサで使える変数との違いは何でしょうか。

◆ CSSの変数は動的

たとえば、Sassではメディアクエリによって変数の値を変えることはできません。

SCSS

```scss
$size: 15px;
@media (min-width: 420px) {
  $size: 20px;
}
@media (min-width: 768px) {
  $size: 25px;
}
body {
  font-size: $size;
}
```

Sassの変数は静的なので、コンパイル後は次のように最初に定義した 15px となります。

SCSS

```scss
body {
  font-size: 15px;
}
```

Sassでメディアクエリによって変数の値を変えたいときには、3つ変数を用意してメディアクエリごとに指定する必要があります。

SCSS

```scss
$size-sm: 15px;
$size-md: 20px;
$size-lg: 25px;

body {
  font-size: $size-sm;
}
@media (min-width: 420px) {
  body {
    font-size: $size-md;
  }
}
@media (min-width: 768px) {
  body {
    font-size: $size-lg;
  }
}
```

一方で、CSSの変数は動的なので、メディアクエリ内で定義できます。

CSS

```css
:root {
  --size: 15px;
}
@media (min-width: 420px) {
  :root {
    --size: 20px;
```

```
    }
  }
  @media (min-width: 768px) {
    :root {
      --size: 25px;
    }
  }
  body {
    font-size: var(--size);
  }
```

変数を1つ宣言するだけですみ、とてもシンプルに記述できます。

◆ CSSの変数は継承可能

たとえば、html 要素に .large クラスが追加されたら文字サイズを大きくしたい場合、Sassでは実装できません。

SCSS

```
$size: 15px;
.large {
  $size: 20px;
}
body {
  font-size: $size;
}
```

コンパイル時には $size が 15px と解釈されるため、.large クラスで上書きしても無効となります。

HTML

```
<html class="large">
  <body>...</body>
</html>
```

CSS

```
:root {
  --size: 15px;
```

SECTION 67 ● カスタムプロパティ

```
}
.large {
  --size: 20px;
}
body {
  font-size: var(--size);
}
```

　CSSの変数を使うと、`html` 要素に `.large` クラスがあった場合、`--size` が `20px` に上書きされます。CSSの変数は継承されるので、`body` 要素の `--size` も `20px` となります。

COLUMN　JavaScriptと連携

カスタムプロパティをJavaScriptから操作できます。

CSS

```
:root {
  --bg-color: red;
}
```

JavaScript

```
// root(html)要素を取得
const root = document.documentElement;
// root要素のスタイルを取得
const style = getComputedStyle(root);

// CSSの変数の値を取得
console.log(style.getPropertyValue('--bg-color'));  // red
// CSSの変数に値を設定
root.style.setProperty('--bg-color', 'blue');
```

▼ブラウザ対応表

IE	Edge	Firefox	Chrome	Safari	Opera	iOS Safari	Android
-	16	31	49	9.1	36	9.3	49

INDEX 索引

記号・数字

- 175
- -webkit-box 75
- -webkit-box-orient 75
- -webkit-line-clamp 75
- -webkit-overflow-scrolling 303
- ‥‥ 74
- *= 19
- + ... 34,175
- ~ 26,34
- $= 19
- :-webkit-autofill 336
- ::after 73,76,84,159,196, 203,256,294,329,368,373
- ::before 73,76,84,87,122, 157,158,192,196,203, 217,256,273,294,299, 329,334,365,368,372
- ::-ms-expand 334
- :checked 52,422
- :empty 41
- :first-child 25
- :hover 40,415
- :last-child 368
- :not() 32,310
- :nth-child() 21,23
- :nth-last-child() 21,25
- :nth-of-type() 24
- :only-child 26
- @font-face 80,107,307
- @keyframes 386,393,395,398
- @media 38
- @supports 45
- 3D座標 197
- 90°回転 68

A

- absolute 163,180,301,356
- Adobe Blank 107
- align-items 84,124,125, 129,130,151
- alt 293
- alternate 387
- and 45
- animation 398
- animation-delay 408
- animation-direction 387,389
- animation-duration 394
- animation-iteration-count 394
- animation-name 394
- animation-play-state 394
- animation-timing-function 409
- appearance 334
- attr() 87
- auto 111,113,115,124,125, 129,131,165,301,377
- auto-fit 50
- avoid-column 145

B

- backdrop-filter 263
- backface-visibility 396
- background 195,229,414
- background-attachment 261,262, 315,319
- background-clip 207,298
- background-color 62,262,366
- background-image 186,251,334
- background-origin 225
- background-position 186,214,223, 225,239,242, 402,403,404,405

431

INDEX

background-size	161,162,214, 231,234,402
base64エンコード	159
blink	386
block	85,325,346,391
blur()	261
body	301
border	182,194,202,205, 297,329,372,414
border-bottom	183
border-box	136,207
border-color	211,297,415
border-image	210,212
border-image-slice	211
border-image-source	211
border-image-width	211
border-left	183
border-radius	202,332
border-right	183
border-top	183
border-width	211
bottom	198,368
box-decoration-break	66
box-shadow	63,64,203,204, 205,217,245,336, 372,380,398,414
box-sizing	136,148,226
break-after	145
break-before	145
break-inside	145
break-word	140

C

calc()	46,65,96,148, 171,175,200,224
center	84,86,112,114,124,125,383
checked	338,346

clip-path	89,188,192, 193,199,219,247
Clippy	193
clone	66
color	414,416
column	145,178
column-count	141,142
column-gap	143
column-rule	143
columns	141
column-span	144
column-width	141,142
conic-gradient()	258
contain	162,165
content	73,76,87,294, 329,417,419
content-box	226
Convertio	269
counter()	417,418
counter-increment	418
counter-reset	417,421
counters()	420
cover	162,166
CSS3 Patterns Gallery	236
CSS GRADIENT ANIMATOR	390
CSS Scroll Snap	383
CSSスプライトアニメーション	401
cubic-bezier()	409
cur	269
currentColor	414,416
cursor	266,268

D

data-heading	282
data-rate	363
data-text	86
decimal-leading-zero	420

INDEX

display ······ 53,59,62,85,102,106,118, 127,149,150,151,153, 177,178,296,317,325, 346,361,376,378,391
drop-shadow() ······ 245

E

Easing Gradients ······ 220
ellipsis ······ 74

F

file ······ 355
filter ······ 245,277
fixed ······ 150,180,261
flex ······ 134,151,178,378
flex-basis ······ 48,85,113,135
Flexbox ······ 60,84,112,123,129, 134,150,178,378
flex-direction ······ 178,358
flex-grow ······ 49,113,134,136,178
flex-shrink ······ 113,136,178
flex-start ······ 151
flex-wra ······ 78
flex-wrap ······ 47,135,342
float ······ 147,148,153,158, 289,310,329,371
FOIT ······ 304
Font Awesome ······ 358
font-display ······ 306
font-family ······ 80
font-feature-settings ······ 94
font-size ······ 105,121,295
fonttools ······ 108
for ······ 328,338,345
FOUT ······ 304

G

grid ······ 153
Grid ······ 50,114,125,130,152,179
grid-column ······ 152
grid-row ······ 152
grid-template-columns ······ 114,153
grid-template-rows ······ 179

H

height ······ 78,117,121,165, 179,241,347,382
hidden ······ 69,71,87,173, 274,301,311,349
hover ······ 40
hsla() ······ 206

I

id ······ 328,338,345
infinite ······ 394
inherit ······ 414,416
inifinite ······ 398
inline ······ 62
inline-block ······ 102,110,119,120,296, 317,325,377,391
inline-table ······ 106
input ··· 52,328,338,345,346,355,361
inset ······ 204
inter-ideograph ······ 144

J

justify ······ 144
justify-content ······ 112,114,129,130

INDEX

L

label	328,338,345,356
landscape	38
left	289
Less	427
letter-spacing	95,104
li	364
linear-gradient()	86,186,195, 213,229,232
line-height	62,76,78,117,352, 365,368,374,382
list-style-type	419
local	315,319
local()	307

M

mandatory	383
margin	111,113,115,124, 125,129,131,296
margin-left	58,148
margin-top	353
marquee	391
max-height	163,348
max-width	42,46,111,156,163
meet	167
middle	121
minmax()	50,114
min-width	38,42,134,140,153

N

n	21,27
name	347
none	251,268,334,335, 339,346,361
not	44
nowrap	69,86,291,318,377

O

object-fit	165,166
opacity	94,312,386,395
OpenTypeフォント	94
or	45
order	138,342
orientation	38
outline	202
overflow	69,71,78,87, 274,301,349,382
overflow-x	173,291,377
overscroll-behavior	302
overscroll-behavior-x	303
overscroll-behavior-y	303

P

padding	156,174,296,350,374
padding-box	207,298
padding-left	58,148,391,394
padding-right	381
padding-top	156,159,249
pecificity Calculator	37
perspective	277
perspective()	197
pointer-events	275,312,335
polygon	251
polygon()	188,199,219
portrait	38
position	90,122,128,148,163, 179,180,273,296,356
pre	73
preserveAspectRatio	167,168,251
pulse	398

R

radial-gradient()	215

INDEX

radio	346
relative	90, 148, 273, 296, 356
repeat()	50
repeating-conic-gradient()	259
repeating-linear-gradient()	234, 405
resolution	39
Retinaディスプレイ	39, 208
reverse	389
rgba()	206, 322
rotate()	68, 252
rotateX()	197
row-reverse	358

S

Sass	427
scale()	397
scaleY()	198
scroll-behavior	55
scroll-snap-align	383
scroll-snap-type	383
skew()	190, 246
skewX()	190, 192, 197, 372
span	331
steps()	402
sticky	179
Sticky Footer	176
SVG	167, 250, 334, 401

T

table	106, 118, 127, 149, 150
table-cell	59, 118, 127, 150, 376
table-layout	150
table-row	177
text-align	86, 110, 128, 144
text-decoration	405
text-indent	58
text-justify	144
text-overflow	74
text-shadow	283, 285
The Tab Four Technique	46
top	180, 365
transform	68, 70, 123, 128, 190, 192, 252, 370, 393, 396, 397
transform3d()	395
transform-origin	197, 198, 246, 372, 408
transition	347, 402, 404
transition-delay	337
translate()	128
translate3d()	395
translateX()	395
transparent	189, 211, 297
type	346, 355

U

ul	364
unicode-range	80, 82
url()	251, 269, 307
user-select	339

V

var()	423
vertical	75
vertical-align	118, 121, 128
vertical-rl	71
visibility	311, 312, 389
visible	311
vw	96, 171

W

Webフォント	107, 304, 308

INDEX

white-space 69,73,78,86,
291,318,377
width 46,118,127,165
will-change 395
word-wrap 134,140
wrap 78,135,342
writing-mode 71

X

x 383
xlink:href 167
xMidYMid 167,168

Y

Yaku Han JP 81

Z

z-index 100,192,262,273

あ行

アコーディオンメニュー 345
アスペクト比 155
アルファ値 206
以下 29
以外 32,310
以上 29
位置 223
イベントハンドラ 52
入れ替え 287
入れ子 330,364
インラインブロック 102
打ち消し 32
エアメール風 212

円グラフ 252
オートフィル 336
奥行き 197

か行

カード型 379
改行 73,103
外接リサイズ 162,164,166,168
カウンター 417
拡張子 20
囲み文字 62
重ね合わせ文脈 276
カスタムプロパティ 423
下線 405
画像 208
角 213
可変幅 147
画面の向き 38
カラーストップ ... 230,233,235,242,258
カラム 134,137
カラム落ち 200
カラム区切り 145
空要素 41
間隔 137
間接結合子 26,34
疑似クラス 300
疑似要素 60,75,191,203,272,293,
298,313,334,364,367
奇数個 28
行 279,281,287
境界 86
兄弟要素 21,22,25
切り落とし 213
偶数個 28
区切り 246
曇りガラス 261
グラデーション 189,211,220,390

クリック範囲	296
グリッド	309
グリッドシステム	134
グループ化	279,281,283,285
グローバル変数	423
蛍光マーカー風	403
継承	429
合成フォント	80
個数	25
固定幅	147
コメントアウト	103
コロン	60
コンテナ	170

さ行

先読み	308
サブセット	83
左右中央揃え	110
三角形	182
ジグザグ	237
ジャギー	234,238
集中線	259
順番	138
上下左右中央揃え	127
上下中央揃え	117
詳細度	35
省略	74
省略記号	74
水平線	84
スクロール	313
スクロールスナップ	383
スクロールバー	382
スコープ	424
スタックコンテキスト	276
ストライプ	229
スムーススクロール	55
スライドエフェクト	407

絶対配置	301,355
接頭辞	19
接尾辞	19
セレクトボックス	333
線幅	211

た行

台形	194
代替表示	293
縦書き	71
縦向き	38
タブ	338
ダミー	361
段組	141
チェックボックス	328,422
ツリー構造	364
テーブル	272
手書き風	332
点滅	386
電話番号リンク	278
等幅フォント	58
等分	134
トリミング	161

な行

内接リサイズ	161,163,165,167
斜め	246
ネガティブマージン	174,296
ネガティブマージン	147

は行

背景	223
背景画像	333
ハイライト	272
バウンススクロール	301

INDEX

破線……………………………… 405
幅………………………………… 143
波紋……………………………… 397
パラパラアニメ ………………… 401
パンくずリスト ………………… 370
半透明…………………………… 206
ピクセル解像度 ………………… 39
ファイル選択ボタン …………… 355
フォールバック ………………… 293
フッター ………………………… 176
ぶら下げインデント …………… 58
プリプロセッサ ………………… 427
プロポーショナルフォント …… 58
プロポーショナルメトリクス … 94
平行四辺形……………………… 190
変数……………………… 21,27,423
ボーダー ……………143,202,206,208
星の5段階評価 ………………… 358
ボックスモデル ………………… 226
ホバー……………………… 40,309
ホワイトスペース ……………… 41

ま行

マーキー………………………… 391
マウスカーソル ………………… 266
未満……………………………… 42
メディアクエリ ………… 42,77,136,425
メディア特性 …………………… 38
メニュー型 ……………………… 376
文字サイズ……………………… 96
文字詰め………………………… 94
モバイルファースト …………… 43

や行

約物……………………………… 81,82
横スクロール …………………… 289
横スクロールナビ ……………… 376

横幅……………………………… 168
横向き…………………………… 38

ら行

リンク切れ画像 ………………… 293
隣接兄弟結合子 ………………… 34
レスポンシブ …………………… 46,96
レスポンシブテーブル ………… 279,320
レスポンシブデザイン ………… 155
列………………………………… 285,287
列の見出し……………………… 281
ローカル変数 …………………… 424

わ行

ワイルドカード ………………… 80
枠線……………………………… 65

■著者紹介

たかもそ　愛知県出身。HTMLやCSS、JavaScriptが大好きなフロントエンドエンジニア。フリーランス活動を通して学んだことなどをブログで発信しています。

■ブログ
URL　https://takamos.ooo/

編集担当：吉成明久 / カバーデザイン：秋田勘助(オフィス・エドモント)
写真：©Kirill Makarov - stock.foto

●特典がいっぱいのWeb読者アンケートのお知らせ

C&R研究所ではWeb読者アンケートを実施しています。アンケートにお答えいただいた方の中から、抽選でステキなプレゼントが当たります。詳しくは次のURLのトップページ左下のWeb読者アンケート専用バナーをクリックし、アンケートページをご覧ください。

C&R研究所のホームページ　http://www.c-r.com/
携帯電話からのご応募は、右のQRコードをご利用ください。

今すぐ使えるCSSレシピブック

2019年2月4日　　　初版発行

著　者	たかもそ
発行者	池田武人
発行所	株式会社　シーアンドアール研究所 新潟県新潟市北区西名目所 4083-6(〒950-3122) 電話　025-259-4293　　FAX　025-258-2801
印刷所	株式会社　ルナテック

ISBN978-4-86354-262-4　C3055

©takamoso, 2019　　　　　　　　　　　　　　　　　Printed in Japan

本書の一部または全部を著作権法で定める範囲を越えて、株式会社シーアンドアール研究所に無断で複写、複製、転載、データ化、テープ化することを禁じます。

落丁・乱丁が万一ございました場合には、お取り替えいたします。弊社までご連絡ください。